艺术设计与实践

版式
设计与创意

王斐 编著

清华大学出版社
北京

内 容 简 介

本书从版式设计的基础理论知识入手，对版式设计的创意分析、经典编排方式、色彩搭配方案，都做了有针对性的讲解。本书完全针对初学者，通过学习本书可以快速帮助初学者掌握版式设计的技术和理论知识，熟悉行业应用，达到快速设计版式的目的。

全书共 7 章，第 1 章为基础知识，包括版式设计的概念、原则、构成元素等知识。第 2～6 章为进阶知识，包括版式设计的布局、形式法则、图片、文字、色彩。第 7 章为应用知识，包括海报、杂志、网页、包装、书籍共 5 大行业的版式设计经典秘笈。

在本书的帮助下，版式设计创作过程将不再枯燥复杂。本书能够启发初学者的创造性思维，帮助初学者快速成为优秀的平面设计师、版式设计师，同时能够为喜爱版式设计的朋友揭开版式设计的奥秘。

图书在版编目(CIP)数据

版式设计与创意 / 王斐编著. — 北京：清华大学出版社，2017（2019.1重印）
（艺术设计与实践）
ISBN 978-7-302-46918-6

Ⅰ. ①版… Ⅱ. ①王… Ⅲ. ①版式—设计 Ⅳ. ①TS881

中国版本图书馆 CIP 数据核字(2017)第 074336 号

责任编辑： 陈绿春
封面设计： 潘国文
版式设计： 方加青
责任校对： 徐俊伟
责任印制： 宋　林

出版发行： 清华大学出版社
　　　　　网　　　址：http://www.tup.com.cn，http://www.wqbook.com
　　　　　地　　　址：北京清华大学学研大厦 A 座　　　　邮　　编：100084
　　　　　社 总 机：010-62770175　　　　　　　　　　　邮　　购：010-62786544
　　　　　投稿与读者服务：010-62776969，c-service@tup.tsinghua.edu.cn
　　　　　质 量 反 馈：010-62772015，zhiliang@tup.tsinghua.edu.cn
印 装 者： 北京天颖印刷有限公司
经　　销： 全国新华书店
开　　本： 188mm×260mm　　**印　张：** 14.5　　**字　数：** 317 千字
版　　次： 2017 年 7 月第 1 版　　**印　次：** 2019 年 1 月第 3 次印刷
定　　价： 59.00 元

产品编号：066919-01

前　言

　　版式设计是视觉传达的重要组成部分，任何艺术设计都离不开版式设计。本书将多种知识融合为一体，详细讲解了版式设计的必学知识、版式设计的类型、版式设计的经典技巧等。

　　本书的章节安排合理，内容精彩丰富，技巧具体实用，作品优秀经典。
　　各章内容如下。
　　第 1 章"版式设计必学知识"，包括概念、原则、构成元素等理论知识。
　　第 2 章"版式设计的布局"，包括 10 种布局方式，如骨骼型、满版型等。
　　第 3 章"版式设计的形式法则"。包括 8 种形式，如秩序与突变、节奏与韵律等。
　　第 4 章"版式设计的图片"，讲解图片的位置、面积、数量等知识。
　　第 5 章"版式设计的文字"，包括字体、字号、字距和行距等内容。
　　第 6 章"版式设计与色彩印象"，包括色彩属性、印象、10 种常用颜色等内容。
　　第 7 章"版式设计的应用领域"，包括海报、杂志、网页、包装、书籍这 5 大行业中版式设计的应用。

　　本书内容实用，讲解清晰，案例精美，不仅可以作为版式设计、平面设计等行业的初、中级读者的学习用书，还可以供版式设计爱好者阅读，同时也可以作为大中专院校相关专业及版式设计培训基地的教材。

本书由王斐编著，参加编写的还包括：孙丽娜、肖建军、郭超、杜炎睿、赵鹏程、纪林杰、宋美丽、郭娅、徐锡花、李路、孙雅娜、王铁成、杨力、杨宗香、崔英迪、丁仁雯、董辅川、高歌、韩雷、李进、马啸、马扬、孙丹、孙芳、王萍、杨建超、于燕香、张建霞、张玉华等。

感谢长期以来一直关心、帮助和支持我的朋友们，感谢清华大学出版社的栾大成编辑以及参与本书出版过程的工作人员，您们的热心帮助，使得这本书从写作到出版一气呵成。

最后，感谢我的父亲，您的坚毅与宽广融化冰雪，让我的人生幸福如春，您淳朴而如山的爱是我前行的不懈动力，父爱无限，亲情无边，衷心的祝愿天下所有的父母幸福、安康。

在编写本书的过程中，我们以科学、严谨的态度，力求精益求精，但错误和疏漏之处在所难免，敬请广大读者批评指正。

有任何意见或者建议，请联系陈老师 chenlch@tup.tsinghua.edu.cn。

作者
2017 年 5 月

CONTENTS 目 录

第1章

版式设计必学知识

第2章

版式设计的布局

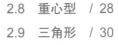

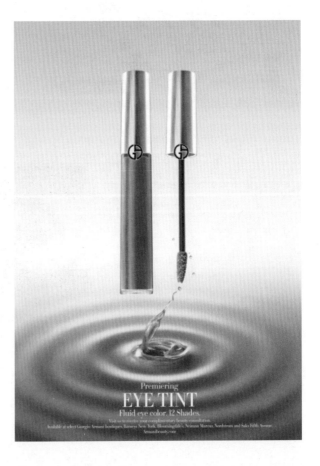

版式设计的形式法则

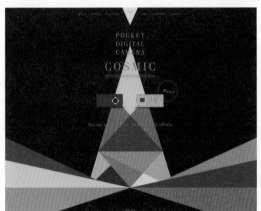

第4章
版式设计的图片

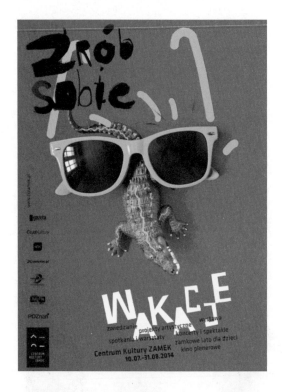

第5章

版式设计的文字

版式设计的应用领域

版　式　设　计　与　创　意

第

1

章

版式设计必学知识

版式设计是一门涵盖面极广的学科，贯穿于整个平面设计活动中。从某个角度来讲，版式设计的好与坏在一定程度上决定了作品的优劣。版式设计归根结底是为信息传递服务的，因此怎样让版式更加生动，且提高视觉感受就变得非常重要。在本章中主要讲解版式设计必学的基础知识，由此打开版式设计的大门。

PRECISION FOR THE FIRST STRIKE

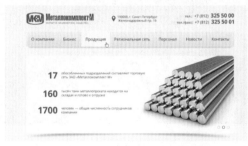

INK HUNTER

NO PAIN.
WITH GAIN.

Ink yourself in real time
to decide if it fits you.

WE DESIGN PROFESSIONAL, USABLE WEBSITES AND MAKE THEM LOOK

RUDDY PRETTY

It's in the details
That's what sets us apart

Communication
We're super approachable

Geeks at ♥
but don't tell our friends

Services
Satisfaction. Guaranteed.

Recent work
Only the best

1.1 什么是版式设计

版式设计是现代设计艺术的重要组成部分，是平面设计者必备的技能。优秀的版式设计能够让观者在享受美感的同时，也能够获得版面所要传递的信息。

◎ 版式设计的概念

版式设计是一种重要的视觉传达手段，是现代艺术的重要组成部分。版式设计就是在一个平面空间内，将文字、图片、色彩等元素进行有机组合，用一种生动且具有个人风格的表现手法将某个主题表达出来。成功的版式设计不仅能够传达信息，还能够产生视觉上的美感。

版式设计的应用范围非常广泛，涉及海报、报纸、杂志、书籍、画册、包装、网页等领域。

◎ 版式设计的原则

版式设计的目的就是传递信息，通过对版式的编排，能够使混乱的内容呈现出秩序和美感，从而提高用户的阅读体验。版式设计就是信息内容的载体，不同主题的内容所用遵循的原则也是不同的。经过归纳和总结，版式设计有以下四个原则。

（1）主题突出，规范有度

版式设计是信息内容的载体，那么就应该做到内容与文字相结合，充分利用视觉符号传达目标信息。例如，以法律、新闻为主题的版式，其设计原则就应该是严肃、庄重的；以儿童为主题的版式，其设计原则就应该是活泼、可爱的。而且版式设计应该有统一的规范，在视觉上保持统一性，让受众在阅读、观看的过程中能够产生一种连续感。例如，一本书的正文采用统一的字号、行间距，或者一个网站中的网页采用统一的色调，这些都能够表现出规范有度这一原则。

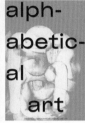

（2）个性突出，特点鲜明

版式设计同样是一个艺术类的学科，它与其他设计作品一样最忌讳"千篇一律"。优秀的版式设计不仅能够有鲜明的艺术特点，还要能够表达出设计者对作品的理解和认识。但是个性突出并不是盲目的标新立异，而是版式能与版式所负载的信息一起融入一种艺术氛围中，从而得到观者的认同和喜爱。

（3）简明易懂，层次分明

繁杂凌乱是版式设计中的一大禁忌，没有人会愿意在阅读过程中饱受折磨。因而简明易懂的版式就变得尤为重要。版式设计中要做到去繁就简、一目了然，让观者在浏览的过程中既能享受到艺术美感，又能从中得到想要了解的信息。不仅如此，版式设计还要做到主次分明，这样才能有利于版面信息的有效传递。

1.2 构成版式的点、线、面

　　点、线、面是构成平面设计语言的基本要素，通常由"点"到"线"，由"线"到"面"，它们息息相关。在版式设计中，万事万物都能够归纳成点、线、面。例如一片叶子、一个字母都是一个点；一段文字、一条丝带就是一条线。在版式设计中，点、线、面之间是相互依存、相互作用的关系，它们能够组合成各种各样的形态，让版式更加富有创意。

○点

　　点的面积较小，所以它是构成版式最基本的单位。点的性质是由其在空间所占的面积决定的，面积越小，性质越活泼。点没有固定的形态，它可以是圆形、方形或自由型。点的存在不仅能让版式的布局显得更加合理舒适，更会使得版面灵动，具有吸引力。

　　在该网页中导航栏中的图标、网页LOGO、正文标号都算得上是"点"，这些点的作用是让版面的内容更加条理清晰，为浏览者带来更多的舒适感。

　　在该杂志中，咖啡色的巧克力球就是作为一个"点"而存在的。这个"点"在白色背景的衬托下显得非常醒目，有吸引人注意的作用。

○ 线

点的轨迹被称为线。线分为直线和曲线，直线具有刚直、坚硬、硬朗的性格，曲线则具有优美、柔和、舒缓的性格。直线还具有长度、粗细、位置和方向上的变化，细的线轻快有弹性，粗的线则代表强调与突出。线还有虚实之分，实线一目了然，虚线缥缈虚幻。在版式设计中，线可以用来划分空间、建立联系、引导视线和装饰等。

在这张卡片中，优美的欧式花纹就是一种曲线，它的主要作用就是装饰。

在这个杂志版面中，两栏中间的空白区域就可以视为一条线，这条线具有分割的作用。

○ 面

面是线移动而形成的，面有长度、宽度，没有厚度。空间占有面积最多，视觉强烈。面没有固定的形态，不同形态的面所表达的情感也是不同的。直线型的面给人稳定、有序的感觉，曲线型的面给人柔软、舒缓的感觉，不规则的面给人生动活泼的感觉。

在这个海报中，下方的食物就是这个版面中的"面"，它大概占据了版面的二分之一。因为其所占面积比重较大，所有更具有吸引力。

在该杂志封面中，下方正方形的照片为矩形的面，整体给人一种规整、集中的视觉感受。

1.3 版式的构成要素

版式是通过文字、色彩、图形三个要素组合而成的。通过这三个要素的有机搭配，从而给人视觉上造成一定的冲击，激发人们的阅读兴趣。

● 文字

文字是构成版式最主要的构成要素，也是传递信息的重要手段。字体的选择会直接影响版式的效果，虽然能够使用的字体有很多种，但是所选择的字体要能够与版式的主题相吻合。除此之外，文字的字号也会影响阅读，在排版时要注意文字信息的等级关系，做到有主有次。

在文字的处理上可以遵循以下原则。

1. 控制好字体、字号、字间距和行间距

不同的字体有不同的性格，应用的场合也就不同。字号要根据版面的大小而定，例如海报的字号就要比杂志中的字号大。字间距和行间距也很有讲究，通常行间距要大于3倍的字间距，这样才能避免阅读过程中出现串行现象。

该版面中的文字有两个等级，标题文字与正文文字之间的距离较大，正文的行间距相对较小。这体现出信息层级关系的差异性。

该版面中的文字信息较多，虽然从整体看上去没有强制对齐，但是正文部分的行间距是相同的，这有利于保证版面的统一性。

2. 控制好每行或每列的字数，必要的时候要分栏

对大量文字进行排版时，例如杂志、报纸、书籍的排版，控制好每行或每列的字数是非常重要的。大面积的文字会给人的阅读造成压迫感，如果每行字数过多会出现阅读混乱的效果。如果要避免这类问题的发生，可以采用分栏、添加文字、首字下沉等方式。

在这个杂志版面中，为了让信息有条理地传递，将文字非常细化地进行分栏。

在这个版面中，采用小段文字的编排方式，这样的设计能够让读者在毫不费力的情况下阅读数量较多的文字。

3. 适时地突出重要文字

在版式设计中有一项非常重要的技巧，那就是"对比"，通过对比能够控制信息传递的先后顺序。适时地突出重要文字，能够让重要的信息在第一时间传递出去，而且能够让版面更加具有吸引力，使画面显得更加生动。

这是一个网页广告，画面中主要突出"3天"这个主题。数字"3"被艺术化地突出，这样能够充分地突出主题，带动消费者的情绪。

同样作为网页广告，加粗、加深的标题文字非常醒目，这种设计方式常用在版式设计作品中。

4. 统一的对齐方式

版式设计中最忌讳杂乱无章，这样会给阅读造成负担。统一的对齐方式能够让版面看上去更加整洁、利落。

该书的目录采用垂直居中对齐的方式，再搭配以图案，使整个版面简洁、生动。

在这个版面中有着大量的文字，所以进行了分栏，每栏文字都采用居左对齐的方式，整体效果统一、和谐。

○ 色彩

色彩是第一视觉语言，人们接触一个事物，对其的第一反应就是色彩。优秀的配色方案关乎一个版面的成败，成功的配色方案则会唤起人们的共鸣，提升阅读兴趣。

色彩在版式设计中有以下几点作用。

（1）表达感情。例如红色代表热情，粉色代表浪漫，这都是以色彩代表感情。

（2）起到识别作用。一些企业以某种色彩作为标准色，当人们看到这种色彩后就会想到这家企业，这就是色彩的识别作用。

（3）烘托、渲染气氛，增加美感。通过色彩对版面的烘托和渲染，让版面更加具有吸引力。而且优秀的配色还能够为版面增加艺术魅力。

在这个海报中，摩登时尚的美女、色彩繁杂的光效、搭配青紫色调的颜色，整体给人一种光怪陆离、神秘梦幻的感觉。

该海报以明黄色为主色调，给人一种温暖、活泼的第一印象。作品中使用绿色、粉色和青色作为搭配，整体给人一种时尚、充满朝气、富于个性的感觉。

○ 图形

　　图形作为信息交流的媒介而存在，有着很强的功能性，可以传播概念、思想或观念。版式设计中图形的作用是：通过对图形的理解从中得到对信息的理解，从而达到设计者的目的。在版式中添加图形，既能让版面的内容更加丰富，还能有助于受众理解、消化版面中的信息。图形在选择上要紧扣版面的主题，起到与文字相辅相成的作用。不仅如此，图形还与色彩息息相关，在使用图形时要考虑整体的配色，这样才能相得益彰。

　　可以看到，在这个海报中文字信息较少，而图形内容很多。从背景中的照片到中景中的图形，无一不是为了文字主题而服务的。

　　这是一个杂志的封面，眼睛的图案代表着这一期的主题，当读者看到这个封面时，就对这期刊物主要的信息有了大致的了解。

第 **2** 章

版式设计的布局

　　很多刚入行的设计师都觉得掌握了软件技术就可以进行设计了，其实不然。就如同你拥有了一支画笔，但是不一定能画出美丽的图画一样，版式设计也是需要经验和技巧的。版式设计可以归纳出 10 种布局方式，每一种布局方式都有自身的特点和优势。通过对版式布局的了解，可以帮助设计者设计出更加完美、优秀的作品。

◆ 骨骼型：和谐、严谨、稳定

◆ 满版型：饱满、充实

◆ 分割型：多元、对比

◆ 中轴型：吸引、理性

◆ 曲线型：节奏、韵律

◆ 倾斜型：动感、危机、紧张

◆ 对称型：稳定、均匀、和谐

◆ 重心型：稳重、下沉、层次分明

◆ 三角形：稳定、个性、危险

◆ 自由型：随意、轻快、活泼

2.1 骨骼型

骨骼型是一种规范的、理性的分割方法，有竖向的通栏、双栏的、三栏的、四栏的和横向的通栏多种形式。骨骼型的布局方式也是比较常见的布局方式，它整体给人一种严谨、稳定的感受。

◎ 骨骼型设计作品

R G B=239-244-247
CMYK=8-3-3-0

R G B=177-229-248
CMYK=35-0-5-0

R G B=33-194-248
CMYK=67-53-0

R G B=110-185-44
CMYK=62-7-99-0

⬥ 设计理念：这是一个骨骼型的设计作品，版面中心位置分为四栏，非常有条理地介绍了商品，有效地避免了信息繁杂产生的凌乱感。

◉ 色彩创意：这是一个以科技为主题的网页设计，高明度的色彩基调给人一种干净、舒适、放松的第一印象。

◼ 作品灰色调的色彩基调象征着科技的理性和以人为本的精神。

◼ 明亮的青色在画面中非常突出，很能吸引访客的眼球。

◎ 设计技巧——加点创意，拒绝死板

骨骼式的布局是一种较为传统的布局方式，但是这种方式很容易给人一种死板、僵硬的感觉，为了避免产生这样的感觉，可以通过更改文字颜色、调整图文混排、版面整体的色彩搭配等方式避免这种感觉。

在这个版面中改变了文字的颜色，让画面效果变得更加灵动。

在这个骨骼型的版式作品中，标题文字和黄色的色块非常醒目，尤其是这个黄色的色彩，在这个没有色彩的环境中显得格外突出。

○ 玩转色彩设计

| 双色设计 | 三色设计 | 多色设计 |

○ 精彩赏析

第2章　版式设计的布局

1
2
3
4
5
6
7

2.2　满版型

　　满版型的布局方式是一种版面利用率较高：留白较少或没有留白的布局方式。通常满版型的布局方式以图案为主，这样能够直观地表达设计意图。这种布局方式最大的优势在于能够让受众感受到内容的紧凑感，让画面的气氛表达得更加充分。

● 满版型的设计作品

R G B=26-32-57
CMYK=94-92-61-44

R G B=100-162-194
CMYK=64-28-19-0

R G B=50-74-154
CMYK=89-77-11-0

　　设计理念：这是一个海报设计，满版型的布局方式利用全屏的图片和简洁的文案，传递出海报的气质和理念。同时给人以大方、舒展的感觉。

　　色彩创意：该海报采用冷色调的配色方案，蓝色调的配色给人一种冰冷、诡异的气氛，它与人物眼神传递出的感觉相呼应。

　　■ 作品为低明度的色彩基调，人物脸部是整个画面的高光所在，在这种明暗的对比下，很好地突出了设计者所要表达的效果。

　　■ 一般在低明度的版面中，都会采用高明度的文字，这具有强化信息、方便阅读的作用。

● 设计技巧——杂志封面常用满版型布局方式

　　封面是杂志的外貌，它既体现杂志的内容、性质，同时又给读者以美的享受。杂志封面通常采用满版型的布局方式。这种布局方式能够给人一种饱满、紧凑的感觉。

　　在这个封面中，特写的人物形象非常美丽，极具吸引力。文字居左排列给人一种整齐的感觉。

　　在这个杂志版面中，利用涂鸦风格的手绘效果装饰人物，可以让人物形象更加别致，从而增加对读者的吸引力。

◎ 玩转色彩设计

双色设计	三色设计	多色设计

◎ 精彩赏析

2.3 分割型

分割型的布局方式通常利用一条较为明显的分割线将一个页面分为两个或多个部分。分割型的布局方式能够给人一种感性而有活力的感觉。分割型布局方式分为上下分割和左右分割两种。

R G B=248-181-1
CMYK=6-37-91-0

R G B=105-155-48
CMYK=66-27-100-0

R G B=15-76-68
CMYK=91-61-73-29

设计理念：这是一个杂志版式，它将版面分为左右两个部分。左侧以图形为主，右侧以文字为主。二者搭配在一起，使整个版面条理清晰、内容充实。

色彩创意：版面以左侧为视觉中心，正黄色给人一种温暖、活泼的感觉。

■ 黄色与绿色为类似色，两种颜色搭配在一起给人一种阳光、自然的感觉，整体的色调与"食物"主题相吻合。

■ 右侧版面中的文字量较大，所以没有过多的图形和色彩，这反倒营造了一种适于阅读的环境。

◎ 设计技巧——上下分割与左右分割

上下分割将版面分为上下两个部分，在上部或下部配图，在其他位置添加文字信息，这样的配置方法在使画面具有活力的同时，能够充分地使用图像辅助文字。

左右分割的版面是将版面分为左右两个部分。通过图文结合的方式多方位、多角度地表达版面中的内容。

上下分割

左右分割

◎ 玩转色彩设计

三色设计　　　　　　四色设计　　　　　　多色设计

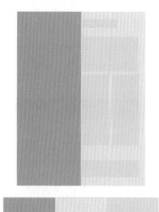
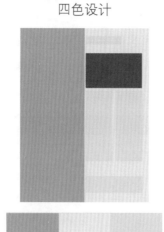

◎ 精彩赏析

2.4 中轴型

　　中轴型的布局方式是将主要内容集中在一起，采用水平或垂直排列。当画面内容较多的时候，这种布局方式能够给人一种紧凑感，让信息更加紧密关联；当内容较少时，具有疏离、含蓄之感。

◉ 中轴型的设计作品

R G B=180-35-40
CMYK=37-98-96-3

R G B=238-239-243
CMYK=8-6-4-0

R G B=68-69-73
CMYK=77-70-64-28

> 　△ **设计理念：** 该海报采用中轴线的布局方式，文字与图片内容垂直排列，引导观者的视线自然地向下流动。画面中的内容也非常少，用只言片语将主题表达出来，非常易于观者理解。
>
> 　◐ **色彩创意：** 该作品采用灰色调的配色方案，以灰色为主色调，给人一种理智、冷寂的感觉。
>
> ■ 作品中的红色是视觉重心，在灰色的衬托下显得格外鲜艳。
>
> ■ 作品中使用的颜色较少，与简约风格版面相互呼应。

◉ 设计技巧——中轴型布局不同的视觉效果

　　中轴线布局可以分为水平方向和垂直方向两种。垂直方向给人一种危机感和运动感，它能够使视线迅速向下移动。水平方向则给人一种稳定、安静的感觉，符合正常的阅读规律。

垂直方向

水平方向

● 玩转色彩设计

双色设计　　　　　　三色设计　　　　　　多色设计

● 精彩赏析

2.5 曲线型

在曲线型布局方式中，图片和文字排列成曲线，产生韵律与节奏感。曲线型的布局方式能够给人一种趣味、活泼的感觉，比较适合表现较为轻松、灵活的主题。在编排时，要注意曲线的走向，形成统一的节奏与韵律，否则容易形成混乱的后果。

◉ 曲线型的设计作品

R G B=226-128-37
CMYK=14-61-89-0

R G B=13-132-64
CMYK=84-36-97-1

R G B=247-202-1
CMYK=8-25-90-0

🔷 **设计理念:** 这是一个包装设计，曲线形的布局方式有一种充满活力、可爱的感觉。版面中图形整体的弧度都是向下的，形成了统一的韵律。

🔘 **色彩创意:** 作品中以橘黄色为主色调，以白色为辅助色，整体色彩感觉是明亮、温暖的。

🔳 橘黄色有提高人的食欲的作用。

🔳 包装整体采用同类色的配色方案，以正黄色为点缀色，整体色调协调、和谐。

◉ 设计实战——利用曲线为作品添加亮点

在每个作品中都是存在对比关系的，有对比才有突出。例如在下面的作品中，修改之前的"向下"按钮显得呆板、无趣。经过修改后，将"向下"按钮改成曲线的形状，这与整体效果形成了对比，使得这个按钮在整个画面非常突出。

Before：

After：

◑ 玩转色彩设计

双色设计	三色设计	多色设计

◑ 精彩赏析

2.6 倾斜型

　　倾斜型的版式布局方式是版面主体形象或多幅图像做倾斜编排，为画面营造一种动感和不稳定感。通常倾斜的角度越大，不稳定感越强烈。依据倾斜方向不同，又有左倾斜和右倾斜之分。

◎ 倾斜型的设计作品

R G B=188-234-230	R G B=253-88-184	R G B=252-198-43	R G B=250-95-55
CMYK=31-0-16-0	CMYK=9-75-0-0	CMYK=5-28-84-0	CMYK=0-76-76-0

　　设计理念： 这是一个倾斜型的海报设计，画面中的小船从左上角向右下角依次排开，整体形成了一种向前滑动的动势，整个画面动感十足。

　　色彩创意： 海报以淡青色为主体色，象征着水流，给人一种清新、舒畅的感觉。

■ 海报以青色为主色调，以洋红色、黄色、橘红色为点缀色，整体所表现的是一种积极、活泼的感觉。

■ 白色的文字信息处理得十分恰当，既能够表达信息，又丰富了画面内容，使背景不会显得过于空洞。

◎ 设计实践——利用倾斜版面为画面添加活力

　　倾斜的版面设计能够营造一种动势，从而为画面增添动感。不仅如此，倾斜版面布局具有引导视线的作用，它可以让受众的视线向倾斜的方向移动，从而影响受众接受信息的顺序。

Before：

网页要表达一种年轻、富有活力的感觉，横向的版面分割线虽然有分割版面的作用，但是与整体气氛格格不入。

After：

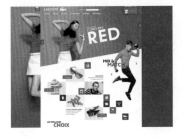

将版面分割线更改为倾斜的以后，版面整体的气氛更为融洽，主题更加突出。

○ 玩转色彩设计

三色设计	四色设计	多色设计

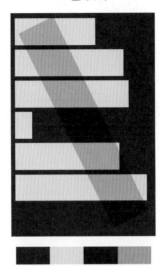

○ 精彩赏析

2.7 对称型

在传统美学中，"对称"是重要的构成和欣赏部分。对称型的布局方式可以给人带来稳定和安全感，具有一种均衡的美感。对称型的布局很容易产生平庸、刻板的感觉，所以要在图案、色彩等方面进行全面处理。

● 对称型的设计作品

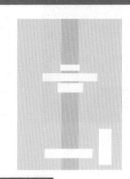

R G B=94-17-24
CMYK=55-99-93-45

R G B=222-191-178
CMYK=16-29-27-0

R G B=199-33-57
CMYK=28-97-77-0

▲ 设计理念：该海报采用对称式的布局方式，它以海报的中线为轴左右对称。两个曼妙的身躯是主要的对称对象，居中的文字也形成了对称，整体效果和谐、均衡。

◉ 色彩创意：该海报整体采用红色调，与女性曼妙的身体搭配在一起，给人以性感、火辣的视觉感受。

■ 作品中明暗对比较为强烈，主题文字部分非常突出。

■ 红色的主色调与包装的颜色相互映衬，效果统一。

● 设计技巧——相对对称与绝对对称

在对称型版式布局中分"相对对称"与"绝对对称"两种方式。"绝对对称"即对称轴两面是完全一样的，这种构图方式是最方便且效果比较好的排版方式。但是有时这种方式会让版面显得过于呆板，此时可以在"绝对对称"的基础上产生一些小的变化，这样既能保证整体效果的和谐与均衡，又避免了呆板感，这就是"相对对称"。

绝对对称

相对对称

○ 玩转色彩设计

双色设计　　　　　　　三色设计　　　　　　　多色设计

 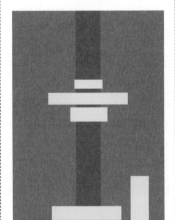 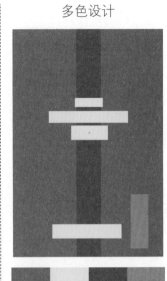

○ 精彩赏析

2.8 重心型

重心型布局方式能够使视觉产生焦点，使主题更加突出。通常在画面中以一个对象为重心，其他文字、图形内容都为重心服务，将视线引导到重心处。重心型布局方式有三种处理方式。

（1）直接以独立对象占据版面重心，这种方式简单、直接。

（2）向心，视觉元素向版面中间聚拢形成一个焦点。

（3）离心，犹如湖面的涟漪，产生一圈圈向外扩散的弧线运动轨迹。

○ 重心型的设计作品

R G B=210-223-232
CMYK=21-9-7-0

R G B=231-95-19
CMYK=11-76-96-0

R G B=13-165-37
CMYK=58-24-100-0

△ 设计理念：这是一个饮品的海报设计，通过广告创意传递新鲜、自然、健康的主题。整个画面非常简洁，主体物位于版面的重心位置，主题非常突出。

◎ 色彩创意：橘黄色与绿色的搭配属于对比色的配色，给受众是一种新鲜、清新的视觉印象。

■ 高明度的背景颜色有效地突出了前景中的内容。

■ 渐变色的背景让内容在简约的同时不显得空洞、乏味，而且符合空间关系。

○ 设计实践——利用放射状背景让视线更加集中

放射状背景在重心型的布局方式的作品设计中非常常见，它可以利用其放射状的动势让视线集中在一点。

Before：　　　　　　　　　　　　　　After：

○ 玩转色彩设计

双色设计	三色设计	多色设计

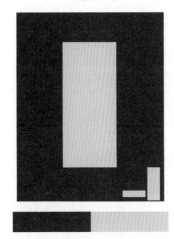 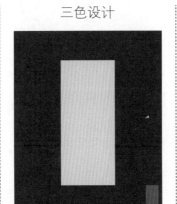 

○ 精彩赏析

2.9　三角形

三角形布局方式是指画面中的内容呈三角形排列。三角形是最具性格的形状，以三角形作为布局方式既可以是稳定的，也可以是不稳定的。

○ 三角形的设计作品

R G B=244-244-242 CMYK=6-4-5-0	R G B=236-38-53 CMYK=7-94-76-0	R G B=15-64-122 CMYK=98-84-34-1	R G B=254-115-16 CMYK=0-68-90-0

△ **设计理念:** 这是一个与奥运有关的海报设计，采用倒三角形的布局方式，让受众的视线自然而然地向下流动，形成一种运动感。同时也将视线引导向重要的文字信息处。

◑ **色彩创意:** 作品采用高明度的色彩基调，以高亮度的灰色作为背景颜色，奠定了干净、利落的色彩基调。

■ 作品采用矢量风格，深蓝色搭配红色给人一种复古而又活泼的感觉。

■ 作品中以橘黄色作为点缀色，与整体颜色和谐统一。

○ 设计技巧——正三角形与倒三角形布局方式

三角形布局方式分为"正三角形"和"倒三角形"两种布局方式，"正三角形"的布局方式能够给人一种稳定、均衡的感觉，而"倒三角形"的布局方式则给人一种动感和延伸感。

正三角形布局方式

倒三角形布局方式

○ 玩转色彩设计

双色设计	三色设计	多色设计

○ 精彩赏析

2.10 自由型

自由型的布局方式通过自由、随意的编排更好地突出版面的主题，以达到最佳的诉求效果。但是这种布局方式要体现主从关系的顺序，在视觉上产生平衡感，否则容易产生混乱感。

● 自由型的设计作品

R G B=176-33-39   R G B=195-132-147   R G B=98-123-61
CMYK=38-99-97-4   CMYK=29-57-31-0   CMYK=69-46-92-4

设计理念： 这是一个杂志的内页设计，作品采用自由型的布局方式，由不同内容的图片组合而形成一个共同的主题。

色彩创意： 该版面以白色为背景，保证了整个画面的整洁效果。

作品中虽然内容较多，但都以红色和绿色为主体色，保证了整体色调的协调、统一。

红色与绿色为互补色，二者搭配在一起形成对比，在白色的衬托下显得活泼而灵动。

● 设计技巧——自由型布局方式的设计技巧

自由型的布局方式会追求一种放松、随性、自然的状态，但是这并不代表版面中的内容不受约束，因为掌握不好尺度很容易让内容变得混乱、繁杂，从而影响阅读。在排版的过程中，确定了图形的位置后，就要考虑文字的编排，这时文字的排版一定要条理清晰，有非常强的针对性。例如在下图中，图像的排列非常自由，但是文字穿插在图像周围或直接排在图像上，文字的针对性非常强。

● 玩转色彩设计

三色设计	四色设计	多色设计

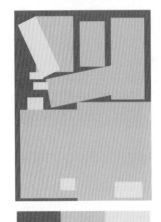 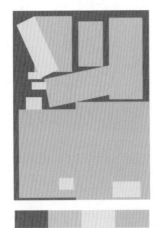 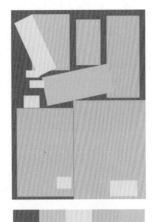

● 精彩赏析

  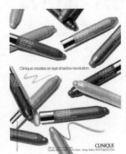 

  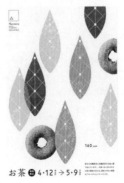 

第

3

章

版式设计的形式法则

版式设计是重要的艺术表现形式，通过学习版式设计的形式法则，既能帮助我们克服设计中的盲目性，又为设计的前期思考提供了准则。版式设计的形式法则包括秩序与突变、节奏与韵律、真实与留白、变化与统一、重复与交错、对称与均衡、对比与协调、比例与适度。

3.1　秩序与突变

　　作为版式设计的灵魂，秩序是一种有组织、有规律的编排方式，能体现版面的科学性和条理性，是追求版面成为有机整体的重要手法。突变是规律的突破，是一种在有秩序的格局中局部的变化。经过突变后，版面往往更具动感，同时主题更加突出。在秩序中添加突变，能够使版面在平衡之中产生动感的效果。

◎ 作品赏析

R G B=215-201-175
CMYK=20-22-33-0

R G B=254-124-4
CMYK=0-65-91-0

R G B=212-88-37
CMYK=21-78-91-0

　　△ 设计理念：　这是海报设计，以商品作为主要的视觉要素。将商品旋转后形成一个太阳的图形，这是在追求秩序。而拟人化的商品则是在秩序中追求突变，从而吸引受众的注意。

　　◐ 色彩创意：作品以橘黄色为主色调，形成了一种欢乐、热情的气氛。
　　▦ 卡其色的背景颜色干净而不单调。
　　▦ 黑色的文字十分突出，整个画面颜色鲜亮而和谐。

◎ 设计实践——以少胜多

　　在平面设计中并不是越"多"越好，当设计元素过多时，处理不当就会让画面变得主体不够明显，内容凌乱。这时可以适当减少设计元素，将最具代表性的内容展示出来，做到以少胜多。

Before：

After：

● 玩转色彩设计

双色设计	三色设计	多色设计

● 精彩赏析

3.2 节奏与韵律

节奏与韵律来自音乐。节奏是指同一图案在一定的变化规律中重复出现产生的动感。当节奏产生了变化就形成了韵律，韵律是比节奏更高层次的旋律，它比节奏更加轻松而优雅。在版式设计中，当节奏变化大时，是一种激动、高亢、振奋的感觉；当节奏变化小时，画面效果缓和、轻柔。

◎ 作品赏析

R G B=230-136-20
CMYK=12-57-93-0

R G B=204-150-124
CMYK=25-48-49-0

R G B=132-250-250
CMYK=44-0-15-0

设计理念：作品采用动静结合的设计方式，上方飞溅的液体象征着委婉、轻柔的旋律。通过液体的向下流动，引导视线向商品名称处流动，达到传递主题的目的。

色彩创意：作品采用高明度的色彩基调，整体追求一种阳光、健康的情感基调。

橘黄色的色调与商品颜色一致，紧扣海报的主题。

作品背景采用由灰色到酱橘色的渐变颜色，一方面使海报形成空间感，另一方与主体色调相呼应。

◎ 设计实践——通过"上下上下"的摆放原则让版面更有节奏

通过有规律的形式能够让受众感受到版面的节奏，但是过于"舒缓"的节奏不免让人心生倦意。为了让版面内容更加灵动，可以使用"上下上下"的摆放原则。

Before：

After：

○ 玩转色彩设计

双色设计

三色设计

多色设计

○ 精彩赏析

3.3 真实与留白

在版式设计中未放置任何内容的空间被称为"留白"。留白在版式设计中与真实存在的内容是相辅相成的关系，具有同样的意义。留白是一种"虚"的存在，它就是绘画的背景、建筑的环境，具有衬托、强化主体的作用，能够使版面的空间更具层次。

◎ 作品赏析

R G B=239-237-238
CMYK=8-7-6-0

R G B=167-116-90
CMYK=42-61-65-1

R G B=38-38-38
CMYK=82-77-75-56

设计理念： 作品这种留白的方式较为新颖，穿着白色衬衫的女人与背景颜色非常相近，所以它可以理解为留白。而它又是内容的一部分，所以同时也算一种真实。在该作品中真实与留白相互影响，非常有创意。

色彩创意： 作品采用单色调的配色方案，高明度的白色给人一种干净、简洁的视觉感受。作品中以白色做底色，黑色做前景色，两种颜色对比强烈，使文字非常显眼。

◎ 设计实践——巧用半透明的文字背景

在一张图片上添加文字，为了避免文字与背景混淆在一起，可以为文字添加一个背景颜色。但是采用纯色的文字背景不免呆板了些，而且有时会破坏图片的美感，此时可以将文字背景调整成半透明，这样能够使图片局部传达一种若隐若现的感觉。

Before：

After：

◎ 玩转色彩设计

双色设计	三色设计	多色设计

◎ 精彩赏析

3.4 变化与统一

变化与统一是两种对立的手法，将二者结合在一个版面中，能够形成强有力的表现形式。变化是一种智慧、想象力的表现。通过变化能够表现出差异性,能够营造一种跳跃感。统一是强调一致性，能够使版面内容保持统一的方法是要保持版面中内容要素的统一。

R G B=110-185-42
CMYK=62-7-99-0

R G B=228-194-137
CMYK=15-28-50-0

R G B=194-197-210
CMYK=28-21-13-0

◆ 设计理念: 在这个杂志版面中抛开文字部分不谈，单说图形部分，大小不一的模特的图形象征着"统一"，而右下角较大的图案象征着"变化"。二者结合在一起层次分明，而又充满活力。

◎ 色彩创意: 该作品所要表现的色彩感觉较弱，因为内容比较多，所以采用白色背景颜色，这样能更好地衬托出前景中的内容，还能保持版面的整洁性。

◎ 设计技巧——为什么简洁的版式更有说服力

在设计中要遵循"少即是多"的原则，这是因为人们生活在一个繁杂的视觉环境中，它复杂、喧嚣甚至混乱。所以当观者遇到简约的设计时，就会有一种眼前一亮的感觉，会情不自禁投以更多的关注。

 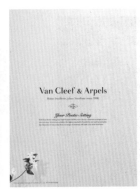

○ 玩转色彩设计

双色设计	三色设计	多色设计

○ 精彩赏析

3.5 重复与交错

在版式设计中，不断地重复一个图形能够使版面产生一种安定、秩序、统一的感觉。但是不断地重复又是单调的，所以可以在重复的过程中安排一些交错与重叠，这样就能打破原有的呆板，带来全新的视觉感受。

○ 作品赏析

R G B=0-0-0
CMYK=100-100-100-100

R G B=-255-255-255
CMYK=0-0-0-0

> ⟁ 设计理念：该包装的图案是由多个不规则的图案组合而成的，不规则的排列使其产生独特的几何美感。这种在重复中寻求交错的设计手法，能够给设计作品带来另类的美感。

> ◉ 色彩创意：该作品采用黑白两色，简单、直白的配色更理性，也更具说服力。
> ▦ 作品中白底黑字的做法符合整个包装的风格，实用性与美观性兼顾。

○ 设计技巧——将说明线的角度统一

有时候需要为版面中添加说明线，将说明线的角度进行统一，能够给人留下整齐、清晰的印象。如果从不同的位置添加说明线，就会造成理解上的困难和版面上的混乱。但是将说明线的角度进行统一后，画面效果就好了许多。

Before：

After：

● 玩转色彩设计

双色设计	三色设计	多色设计

● 精彩赏析

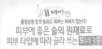

3.6 对称与均衡

　　对称就是以中轴线或中心点为基准，在大小、形状、排列上具有同形同量的相反的对应关系。均衡是一种有变化的平衡，它运用等量不等形的方式来表现矛盾的统一性。对称给人一种稳定、庄严、整齐的感觉，而均衡给人一种趣味、灵巧、生动、轻快的感觉。

○ 作品赏析

R G B=230-48-45
CMYK=11-92-83-0

R G B=249-184-32
CMYK=5-35-87-0

R G B=241-129-40
CMYK=6-62-86-0

设计理念： 该作品采用对称的形式，以中轴线作为对称轴，给人一种严谨、稳定的心理感受。而文字、部分图形又不是绝对对称，所以又为版面增加了几分活泼、轻快之感。

色彩创意： 该作品以红色作为主色调，以黄色作为辅助色。二者为对比色，所以整个画面给人一种热情洋溢的情感。

　　在画面中白色的部分可以缓冲对比色配色方案带来的刺激感。

　　作品中所使用的颜色较少，所以所要表达的感情也比较明确。

○ 设计技巧——大胆地进行剪裁

　　版式设计中，对于图片的处理要灵活。对于图片可以大胆地进行剪裁，保留需要的部分，裁掉不需要的部分。在下图中，修改之前的人物是上半身像，它与所要表达的主题还差了几分。经过修改后，将图片裁剪成了面部特写，这就契合了彩妆这一主题。

Before：

After：

◎ 玩转色彩设计

双色设计  三色设计 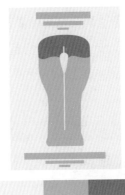 多色设计

◎ 精彩赏析

   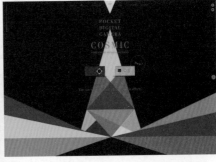

3.7 对比与协调

对比是差异性的强调，也就是通过两个相对的要素的比较，产生动静、大小、明暗、黑白、强弱、粗细、疏密、高低、远近、软硬、曲直、浓淡、锐钝、轻重的对比。协调是指合适、舒适、安定、统一，是近似性的强调，使两者或两者以上的要素相互具有共性。对比与协调是相辅相成的。

◎ 案例赏析

R G B=219-34-40
CMYK=17-96-89-0

R G B=255-255-255
CMYK=0-0-0-0

△ 设计理念：这是一个简约直观的网页广告，文字的字号差异较大，大字号与小字号形成鲜明的对比。而整个画面中三种不同字号的文字搭配到一起，视觉效果非常地协调。

◉ 色彩创意：在该作品中只有两种色调，整个作品看起来简单、利落。

■ 仔细看，背景中是有暗纹的，这样的设计不仅能丰富画面的色彩，也能让整体内容不显得那么空洞。

■ 红色与白色的搭配在平面设计中非常常用，给人以一种活泼、清爽的感觉。

◎ 设计技巧——当今版式设计的发展趋势

由于时代的飞速发展，当今高质量、快节奏的社会生活使读者要求信息的传达更直接，更全面，更快速。当今版式设计的发展趋势有以下几点。

（1）图文的创意设计趋势日益突出。

（2）追求个性风格的同时，还要注重民族文化意蕴。

（3）以人为本，设计更加注重情感的流露。

（4）去繁就简，注重留白。

● 玩转色彩设计

双色设计	三色设计	多色设计

● 精彩赏析

3.8　比例与适度

　　成功的版面构成取决于良好的比例。常用的比例有五十八等分网格法、尼霍森分割原理、黄金比例、自由分割法等，可根据版式形式和版面主题的需要进行选择。适度是版面的整体与局部与人的生理或心理的某些特定标准之间的大小关系，也就是版面构成要从视觉上适合受众的视觉心理。比例与适度通常具有秩序、规整的特性，能够给人一种自然、舒适的感觉。

◎ 案例赏析

R G B=209-217-55
CMYK=28-8-85-0

R G B=0-0-0
CMYK=100-100-100-100

R G B=255-255-255
CMYK=0-0-0-0

　設计理念: 整个版面虽然看起来自由、随意，但是它采用黄金比例进行排版，这样的版式设计给人一种自然、舒适的心理感受。

　色彩创意: 在该作品中，黑色与白色从色彩名称上形成鲜明的对比效果。

　画面中绿色是点睛之笔，丰富了画面的颜色，打破了黑与白搭配的枯燥感。

◎ 设计技巧——版式设计中立体元素的应用

　　在平面中以三维空间进行展示，能够给人更强烈的代入感。版式设计中立体元素的表现手法有很多种，例如立方体、球体、三角体、方框等元素。通常这样的设计是一种宽阔、大气的感觉。

◉ 玩转色彩设计

双色设计	三色设计	多色设计

◉ 精彩赏析

第4章

版式设计的图片

图片是版式设计中不可缺少的一部分，随着读图时代的到来，人们获取信息的方式发生了巨大转变。与文字相比，图片所带来的视觉感受要更直接、更具体、更形象。优秀的版式设计离不开图片，在本章中就学习版式设计中的图片运用技巧。

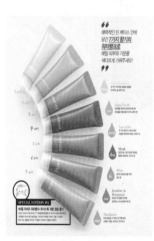

4.1 版式设计中图片的功能

　　图片的视觉效果要远远大于文字，它能够将版式中的内容形象化，具体化。图片能使原本枯燥乏味的版式变得生动有趣。虽然图片在版式设计中很重要，但是并不代表文字就没有存在的价值，图片能够辅助文字，帮助读者更好地理解文字，它们是相辅相成的关系。版式中的文字具有视觉效果和导读效果两大功能。

4.1.1 视觉效果

图形在版式设计中具有瞬间识别、无国界传递等多种优势。它能够让版面内容变得丰富多彩，别具一格，对版式中的内容的传播与推广起着极大的作用。不仅如此，图片还能提高作品的艺术价值，使作品的内容得到升华。

R G B=3-173-209
CMYK=74-16-18-0

R G B=224-25-89
CMYK=15-96-49-0

R G B=241-244-247
CMYK=7-4-3-0

设计理念： 这是一个饼干的海报设计，饼干的消费群体一般定位于青少年群体，这类群体喜欢新颖、另类的元素，而这款矢量风格的海报正是投其所好。

色彩创意： 青色与洋红色作为对比色的配色方案，两种颜色搭配在一起鲜明、大胆。

■ 作品中通过颜色明度的不断推移，形成向内的空间感。

■ 总体来说该作品所用的颜色较少，整体的视觉感受还是非常直观的。

○ 设计技巧——版式设计中配色的忌讳

版式设计在配色中有以下几点忌讳。

（1）忌脏

画面颜色要简单、干净，背景与文字对比要强烈。浑浊的颜色会使读者失去热情。

（2）忌纯

高纯度的颜色太艳丽，对人眼的刺激太强烈，容易导致缺乏内涵、不够含蓄的后果。

（3）忌跳

配色讲究相互映衬，不能脱离整体。

（4）忌花

版式的配色通常以一种颜色为主色调，颜色太多会干扰访客的视线。

（5）忌弱

这种"弱"是对比的弱。虽然对比弱能够产生一种柔和、温柔的视觉感受，但是对比过弱，版面就会显得过于苍白。

○ 玩转色彩设计

双色设计	三色设计	多色设计

○ 精彩赏析

4.1.2 导读效果

图片在版式设计中的另一个作用就是导读效果，通过图片内容的形体或者图像的本身起到一定的方向引导作用，从而将读者的视线引导向文案，起到辅助的作用。

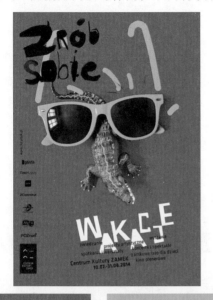 

R G B=238-0-124　　R G B=139-197-28　　R G B=14-3-3
CMYK=6-96-19-0　　CMYK=53-4-99-0　　CMYK=87-88-86-77

> ◬ 设计理念：作品属于倾斜的构图方式，成功地利用卡通形象将视线引导至标题文字处，使得海报的重要信息得以传达。该作品中的图片既能体现作品大胆、个性的一面，又具有实用价值，一举两得。

> ◉ 色彩创意：洋红色是非常艳丽、抢眼的颜色，它象征着女性、现代、个性和自由。
> ▦ 作品中洋红色和绿色为对比色，所以作品的视觉效果非常抢眼。
> ▦ 洋红色和黑色的搭配也象征着年轻、个性和桀骜不驯，是较为常用的配色方案。

⦿ 设计技巧——版式设计的视觉流程

所谓视觉流程是指人在阅读或观看时接收外界信息的流动顺序。在版式设计中利用视觉流程可以使画面主次清晰，一目了然。视觉流程可以遵循以下规律。

（1）一条垂直线在页面上，会引导视线上下的视觉流动。

（2）水平线会引导视线左右的视觉流动。

（3）倾斜比垂直线、水平线更有说服力。

（4）矩形的视线流程是向四方发射的。

（5）圆形的视线流动是辐射状的。

（6）三角形会在顶角的方向使视线产生流动。

（7）各种图形从大到小渐次排列时，视线会强烈地按照排列方向流动。

◎ 玩转色彩设计

双色设计	三色设计	多色设计

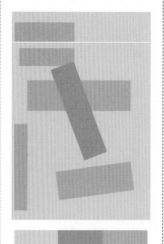

◎ 精彩赏析

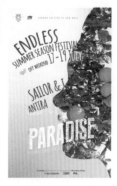

4.2 图片的位置

　　图片往往是一幅作品的视觉焦点，图片的位置直接影响版面的构图与布局。图片的位置摆放的规律大概分为角点、背景和中心三种。

4.2.1　角点

图片的位置往往决定了版面的视觉重心，当图片放置在版面角点处时，整个版面能够给人以安定感和平衡感。

R G B= 104-149-197
CMYK=64-37-12-0

R G B= 255-101-98
CMYK=0-74-51-0

R G B=252-192-62
CMYK=4-32-79-0

设计理念：以图片包围文字的版式非常常见，这样的设计能够让位于版面中心的文字得以很好的传递，而且图片自身也起到了平衡视觉效果的作用。

色彩创意：当作品中图案较多的情况下，白色的背景颜色是绝佳的选择。

■ 西瓜红的点缀色清新脱俗，又俏丽可爱，紧扣作品的主题。

■ 作品中虽然还有很多的颜色，但是在白色背景的衬托下，依旧显得干净、利索。

○ 设计实践——增加画面颜色的纯度为画面增加活力

画面颜色的纯度会影响到公众的视觉感受。例如在该作品中，冷饮店的海报想要表达的是一种热情、欢快、缤纷的感觉，但是未修改的画面，颜色饱和度低，给人一种模糊、不清晰的视觉印象。经过修改，画面颜色的纯度提高了，使画面气氛更加活跃，与主题所要表达的内容相统一。

Before： After：

○ 玩转色彩设计

三色设计	四色设计	多色设计

○ 精彩赏析

4.2.2 背景

背景在版式设计中有着很重要的地位，背景的处理既要能够丰富画面中的内容，又不能喧宾夺主。而且背景无论在配色上还是在图形的选择上都要符合整个作品的风格，并辅助作品的艺术效果得到升华。

R G B=255-128-51
CMYK=0-63-79-0

R G B=45-169-221
CMYK=72-20-9-0

R G B=126-64-140
CMYK=63-86-16-0

◢ 设计理念：在该作品中是将几何图形作为背景，利用颜色进行区分，使其与前景中的文字形成强烈的对比效果。

◑ 色彩创意：作品的主色调为橘黄色，这种带有香甜气息的暖色调十分惹人喜爱。
■ 橘黄色与紫色、青色的搭配形成对比效果，使画面形成一种较为欢愉的气氛。
■ 白色的文字在彩色的背景下显得格外突出，而且与整个作品的色调相协调。

◎ 设计技巧——辅助色能让画面颜色层次更加分明

一个作品不仅有主色，还应该有辅助色。辅助色有很多作用，有一种作用就是起到"隔离"的作用。通过"隔离"能够让画面颜色更加丰富，而且能让画面颜色层次更加分明。

○ 玩转色彩设计

三色设计	四色设计	多色设计

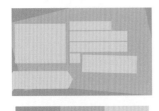  

○ 精彩赏析

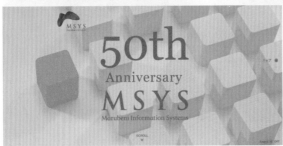 

4.2.3 中心

版面的中心区域是非常重要的区域，将图片摆放到此处，可以将视觉集中到一点，然后呈放射状散开，这对整个版面信息的传递是非常重要的。

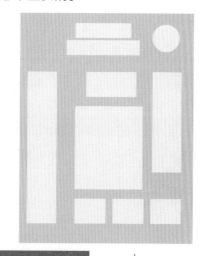

R G B=68-110-155
CMYK=79-56-26-0

R G B=247-175-3
CMYK=6-40-91-0

R G B=219-41-15
CMYK=17-94-100-0

设计理念: 这是一个文字较多的杂志版式，图片位于版面的中心位置，而且所占的面积较大，当读者看到该版面时可以被这个图片所吸引，而且也在第一时间内告诉读者"这一页是讲美食的"的中心思想。

色彩创意: 黄色与红色相搭配的汉堡看起来令人非常有食欲。

青灰色的标题文字既能区别于其他文字，又很醒目。

◎ 设计技巧——利用重复性增加视觉印象

在版式中利用重复性的构图方式可以使画面自身形象表达得更突出，并能形成和谐且富于节奏感的视觉效果。值得注意的是，要避免元素有秩序地排列，以免产生机械、无变化的单调感。

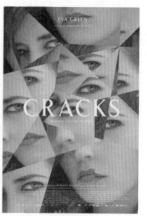

○ 玩转色彩设计

双色设计	三色设计	多色设计

○ 精彩赏析

4.3 图片的面积

　　图片面积的大小，决定着版面视觉效果和情感的表达。当图片面积较大时，其效果带有明显的扩张性，震撼力极强；当版面中图片较小时，那么体现的就是集中、细致的感觉；当版面中图片较大时，那便是一种强调，带有强烈的说服力。

4.3.1　大图片

　　对于大图片我们并不陌生，之前所说的满版型的构图方式就是一种大图片的表现方式。在版式设计中，图片的吸引力就大于文字，将图片放大其吸引力就更大。大图片还可以很好地展示细节，对于提高版面的诉求有着良好的效果。

R G B=38-53-0
CMYK=82-66-100-51

R G B=252-250-93
CMYK=9-0-69-0

R G B=225-1-2
CMYK=14-99-100-0

　　设计理念：　这是一个海报设计，满版型的布局方式具有非凡的吸引力。在版面中，商品位于中心位置，而且所占的面积较大，周围的装饰又将视线集中在此处，极好地宣传了商品。

　　色彩创意：　作品以橄榄绿色为主色调，与商品的颜色相呼应。

　　■　橄榄绿与黄色为类似色，两种颜色搭配在一起和谐、自然，让人倍感亲切。

　　■　这种颜色从暗到明的处理方式可以让版面形成空间感和层次感。

◎ 设计实践——旋转带来全新视觉感受

　　倾斜的布局方式能够给版面带来轻松、活跃的视觉感受。例如在下图中，修改之前的画面显得死板、单调。经过修改后，将前景中的内容旋转，就形成了全新的视觉感受。

Before：

After：

双色设计	三色设计	多色设计

○ 精彩赏析

4.3.2 小图片

并不是只有大图片的存在才有意义，小图片一样能够做到精致和具有吸引力。当图片面积变小后，它能所展示的细节就流失，但是它引导视线的作用就会变强。

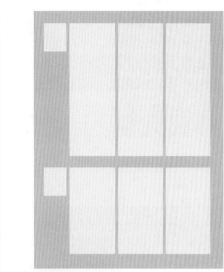

R G B=94-125-21
CMYK=71-44-100-4

R G B=103-133-164
CMYK=66-45-27-0

⬧ 设计理念：在该面板中文字内容较多，所以能够摆放图片的面积就很小。将图片摆放在每篇文字的起始位置，是将读者的视线引导到此处，而不至于在文字较多的版面中"迷路"。

◉ 色彩创意：文字较多的情况下，白色的背景颜色能够为阅读提供一个良好的环境。在这个作品中所使用的颜色非常有限，这样可以减轻文字较多时的阅读压力。

◎ 设计技巧——如何增加画面空间感？

在二维空间打造三维效果，能够让空间感更为强烈，从而增加观者的视觉体验。那么如何打造空间感呢？其中有一个方法就是通过颜色纯度的推移增加画面的空间感。

◎ 玩转色彩设计

双色设计	三色设计	多色设计

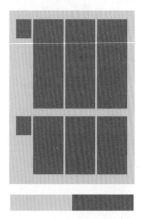
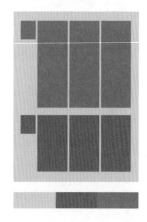
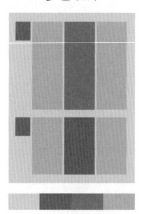

◎ 精彩赏析

4.3.3　等大的图片

在版式设计中有时会追求一种视觉上的平衡之感，等大的图片就能带来这种平衡。通常等大的图片进行排列，能够表现出理性且有说服力的感觉。

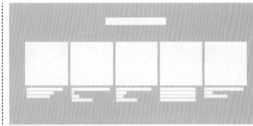

R G B=239-233-207
CMYK=9-9-22-0

R G B=72-57-54
CMYK=71-74-72-39

◆ 设计理念： 这是一个电商的网页设计，将等大的商品图片进行排列，给人一种整齐划一、井井有条的视觉感受。让访客在浏览网页的过程中，瞬间了解商品的信息，达到"一针见血"的效果。

◑ 色彩创意： 浅卡其的背景颜色象征着一种恬淡、悠远的气质，它与常见的女性颜色不同，它更加的中性、理智。

▣ 网页的整体色调比较素雅，给人一种放松的心境。

▣ 将图片的背景设计成白色，能够很好地衬托商品。

● 设计技巧——视觉重心的妙用

视觉重心是画面中最吸引人的内容，通常对视觉重心内容的设计讲究"一目了然"，能够以最简单、直白的方法传递出中心思想。在设计形式上讲究新颖、创新，这样才能让观者"一见钟情"。

双色设计	三色设计	多色设计
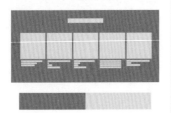	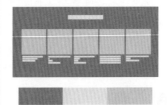	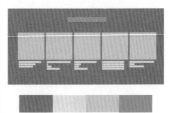

○ 精彩赏析

4.4 图片的数量

版面中图片的数量直接影响到了阅读者的兴趣，如果版面中没有图案，整个版面会显得枯燥、乏味。添加图片可以增加画面的趣味性，使原本无趣的画面充满活力。

4.4.1 数量多

每个版面所能利用的空间是有限的，当版面中图片较多时，所要表现的内容也就多。这时在图片的选择和排列上就要注意了。在图片选择上，尽量选择同一主题或同一色调的，这样视觉统一且紧扣主题。在图片的排列上，可以选择以等大的图片进行排列，也可以以自由方式进行排列，但是要做到繁而不乱、多而有致。

R G B=125-14-93	R G B=230-160-158	R G B=79-155-187	R G B=250-237-0
CMYK=63-100-45-5	CMYK=12-47-30-0	CMYK=70-30-22-0	CMYK=10-4-87-0

设计理念：在这个版面中，所包含的图片数量较多，为了营造轻松、愉悦的阅读气氛，作品采用自由式的图片排列方式，虽然图片的位置与大小都没有规律，但是文字围绕着商品，有很强的针对性。

色彩创意：不难发现在白色背景下，纯度越高的颜色越抢眼，例如在该作品中的黄色、紫色。

○ 设计实践——颜色与味道

做菜讲究一个色香味俱全，做关于食物主题的设计作品也同样讲究。那么设计怎么突出"香"与"味"呢？当然是通过"色"。颜色不仅能带来感官上的体验，同样也能带来味觉上的体验，这就叫作"通感"。在下图中，未修改的作品颜色为洋红色，虽然颜色鲜艳却激发不出人的食欲。经过修改后，橙色调的配色给人一种美味、浓郁的视觉感受，能够轻易地激发食欲。

Before：

After：

● 玩转色彩设计

双色设计	三色设计	多色设计

● 精彩赏析

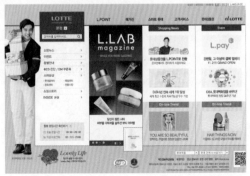

4.4.2 数量少

在图片数量较少的版面中，图片的吸引力往往就越强。当在图片较少的情况下，更要注意图片的选择和摆放的位置。

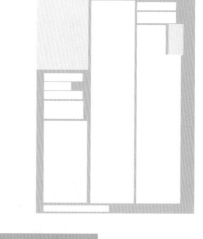

R G B= 110-135-131
CMYK=64-42-48-0

R G B= 169-189-202
CMYK=39-21-17-0

◆ 设计理念：这是一个以文字为主的版式设计，版面中图片数量较少，且以不同的大小分布在不同位置，图片虽然数量少，但是紧扣文字主题。

◉ 色彩创意：灰绿色是非常中庸的颜色，既有低调、理性的感觉，又带着复古、理性的感觉。

▦ 白底黑字的处理方式非常适合文字较多的版式设计。

● 设计实践——利用互补色配色原理使封面更加具有吸引力

互补色的配色方案是常用的配色方案，因为它活泼而不刺激，欢快而不强烈，是一种非常值得回味的配色方案。在修改之前的配色偏灰，给人一种褪色、模糊的感觉。经过修改后，书籍封面颜色更加鲜活、醒目，吸引读者注意。

Before:

After:

◎ 玩转色彩设计

双色设计

三色设计

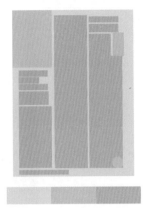

多色设计

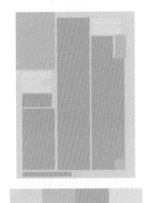

◎ 精彩赏析

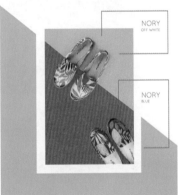

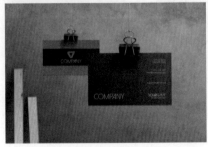

4.5 图片的形状

　　每个图片都有属于自己的形状，有方形的、圆形的、三角形的，还有自由型的。不同的形状有不同视觉效果，我们可以大致将图片分为常规图形和自由型两种类型。

4.5.1　常规图形

　　常规图形有圆形、矩形、三角形、菱形、梯形等，常规的图片形状能够给人一种较为熟悉、认知度较高的感觉，比较容易被接受。

R G B=254-196-50
CMYK=3-30-82-0

R G B=255-128-31
CMYK=0-63-86-0

R G B=255-61-23
CMYK=0-87-88-0

　　设计理念：　这是一个以圆形作为图片形状的海报设计。圆形本身给人的是一种饱满、圆润、优美的感觉。将多个圆形组合成数字"8"，更是为了契合主题。

　　色彩创意：　该作品采用类似色的配色方案，整个作品给人一种变化丰富又自然和谐的感觉。

　　渐变色是设计中常用的颜色处理方法，该作品采用同类色的渐变方式，这种做法非常可取。

　　白色在该作品中起到了点缀的作用，还起到了缓冲视线的作用，使原本较为强烈的色彩不那么刺激。

⊙ 设计技巧——圆形与曲线

　　圆形可以理解为闭合的曲线，它有着和曲线相同的属性。在设计中，若以圆形为主要形状，如果在追求视觉效果统一协调的前提下，就会选择曲线作为辅助图形。圆形与曲线能够给人一种视觉上的延伸感，使画面更加活跃，富有活力。

● 玩转色彩设计

双色设计	三色设计	多色设计

● 精彩赏析

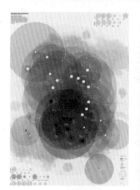  

4.5.2　自由型

自由型的图片就是没有固定的形状，这种图片类型给人一种无拘无束、自由的感觉。

R G B=92-169-213
CMYK=64-24-11-0

R G B=54-191-194
CMYK=69-3-32-0

R G B=180-217-226
CMYK=35-7-12-0

R G B=238-226-114
CMYK=13-10-64-0

设计理念： 这是一个汽车主题的海报设计，通过自由型和矩形图形的搭配，使作品给人一种活力、朝气的视觉感受。

色彩创意： 该作品以淡青色为主色调，整体颜色给人一种清新、爽朗的感觉。

选择青色为主色调的原因是因为商品为青色，这样能够在和谐统一中强化商品的信息。

作品中的一点黄色是点睛之笔，黄色与青色是对比色，以对比色作为作品的点缀色，是设计中常用的方法。

◎ 设计实践——寻求颜色上的"刺激"

颜色是视觉第一要素，配色的成功与否都影响着作品的效果。在下图中未修改的作品采用同类色的配色方案，虽然作品整体色调和谐，但是呆板平庸，完全没有突出文字新颖、洒脱的感觉。经过修改后，将背景色更改为黄色，颜色对比变得十分强烈，这种视觉上的"刺激"之感能让人眼前一亮。

Before：

After：

◉ 玩转色彩设计

双色设计	三色设计	多色设计
		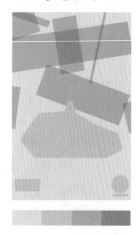

◉ 精彩赏析

4.6 图片的设计

  图片的设计形式有三种，分别是：简洁、夸张与写实。三种不同的处理方式所带来的效果也不同。简洁型的图片能够让人在繁杂的信息空间内找到一方净土；夸张型的图形设计，可以让版面充满情趣，从而加强版面的艺术感染力和信息的传达力；写实型的图片设计能够让观者了解事物的本质，达到精准传递信息的目的。

4.6.1　简洁

简洁型的图片最好搭配简洁型的版式，这样才能使主题突出，诉求更有专一性。

 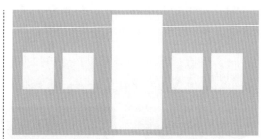

R G B= 24-121-135	R G B= 251-174-0	R G B= 20-52-170	R G B= 220-50-35
CMYK=84-46-45-0	CMYK=3-41-91-0	CMYK=97-85-0-0	CMYK=16-92-91-0

🔺 设计理念：这是一个网页设计，作品中的内容非常简单，当访客接触到该版面的一瞬间就了解了其中的内容。

◐ 色彩创意：白色与简洁总是如此般配，又是如此和谐。

⊞ 作品中的文字采用对比色的配色方案，这种带有鲜明感觉的配色，在白色背景的衬托下显得格外抢眼。

● 设计实践——增加文字海报的视觉效果

如果是纯文字的海报，那么就需要在字形设计上下功夫。在下图中，在未修改之前的海报中，居左对齐的文字显得乏味、平庸。经过修改后将文字进行破版处理，不仅保留了文字的信息性，还使版面富有变化，吸引力十足。

Before：

VISION ART DESIGN STUDIO

ERAY VISION AND ART DESIGN STUDIO ERAY VISION AND ART DESIGN STUDIO ERAY VISION AND ART DESIGN
IT IS GRACEFUL GRIEF AND SWEET SADNESS TO THINK OF YOU
BUT IN MY HEART, THERE IS A KIND OF SOFT WARMTH THAT
CAN'T BE EXPRESSED WITH ANY CHOICE OF WORDS

After：

VISION ART DESIGN STUDIO

ERAY VISION AND ART DESIGN STUDIO ERAY VISION AND ART DESIGN STUDIO ERAY VISION AND ART DESIGN
IT IS GRACEFUL GRIEF AND SWEET SADNESS TO THINK OF YOU
BUT IN MY HEART, THERE IS A KIND OF SOFT WARMTH THAT
CAN'T BE EXPRESSED WITH ANY CHOICE OF WORDS

玩转色彩设计

双色设计

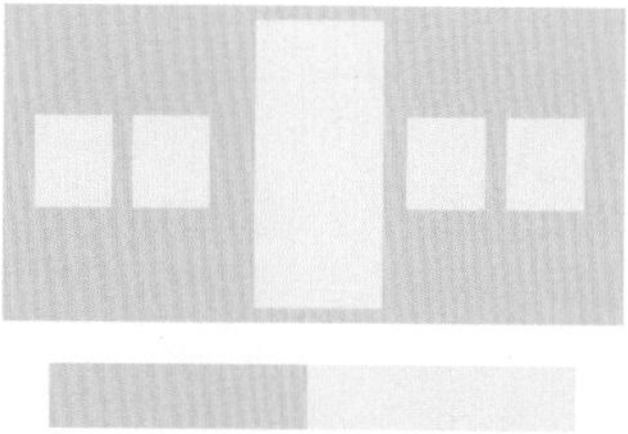

三色设计

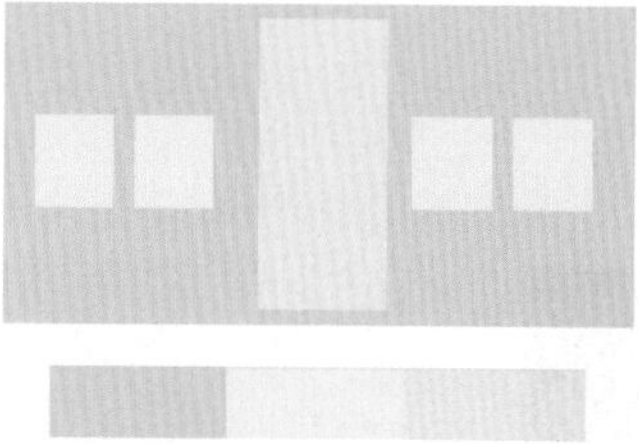

多色设计

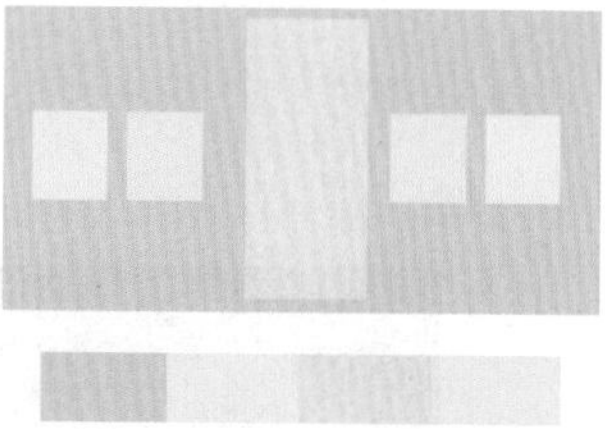

精彩赏析

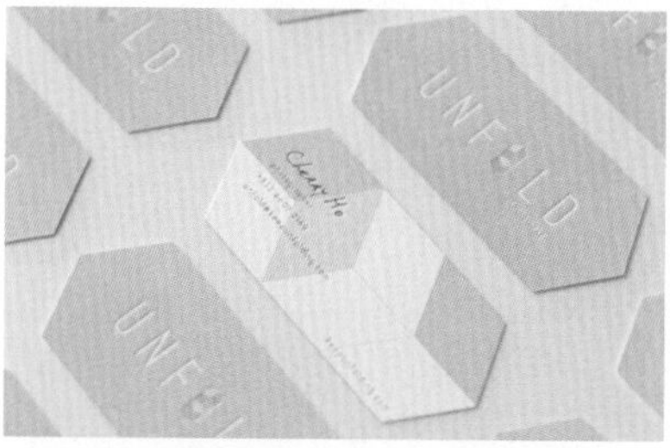

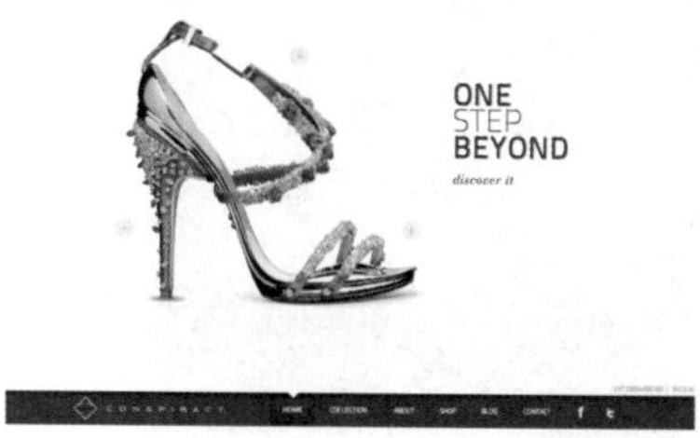

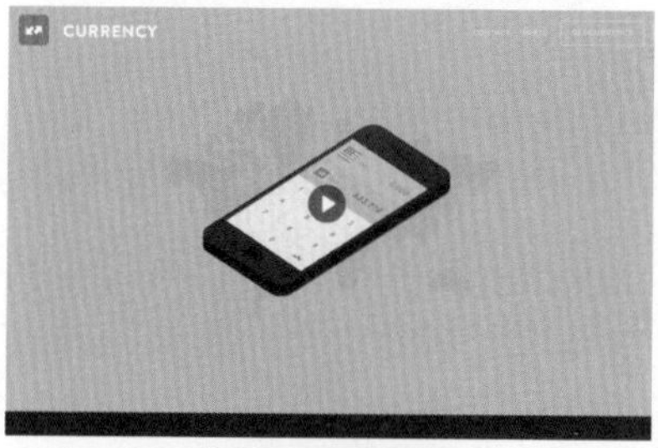

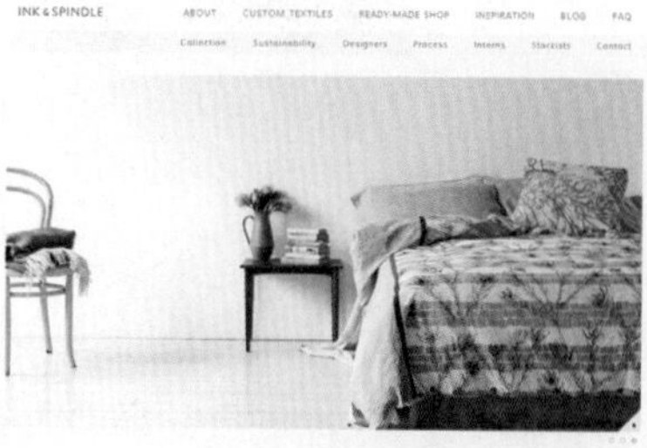

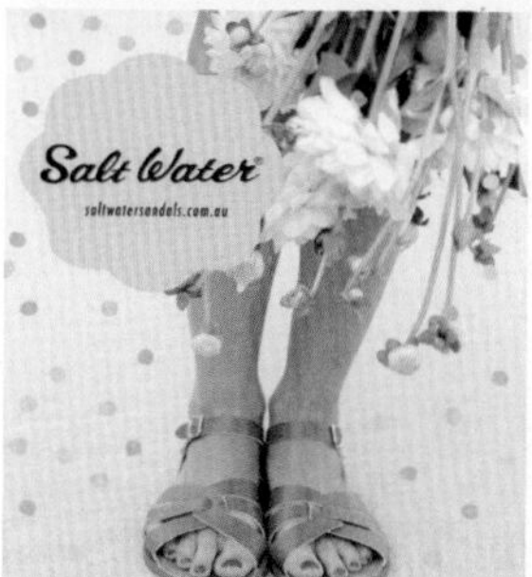

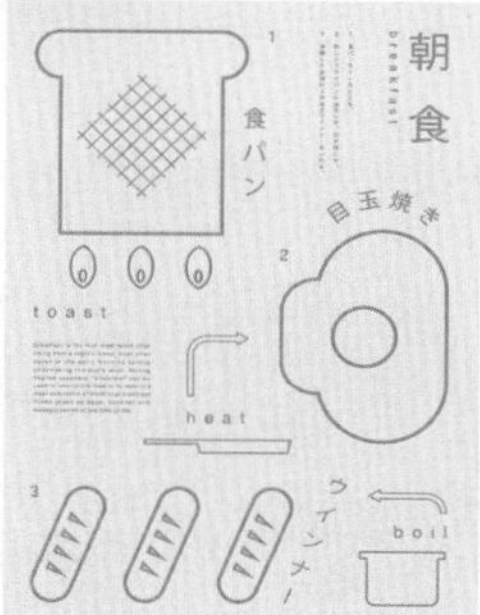

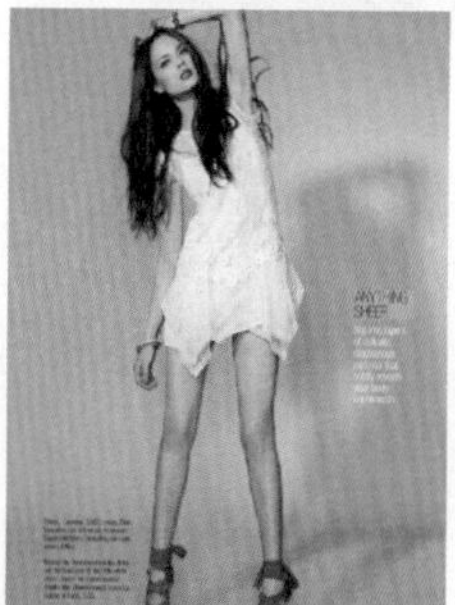

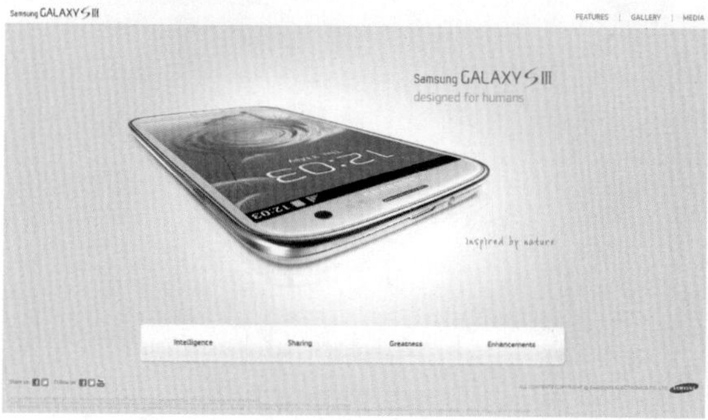

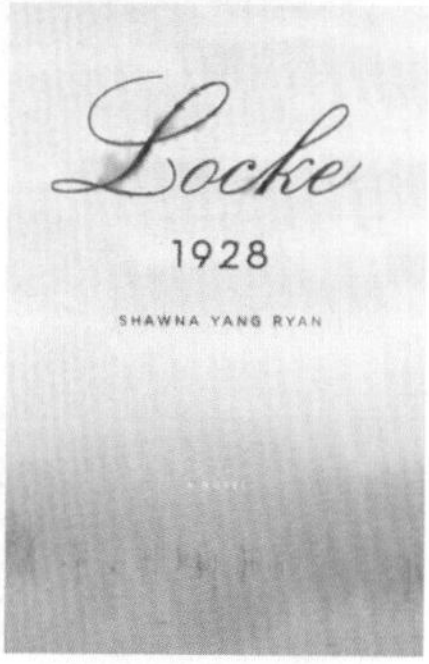

4.6.2 夸张

夸张是将图形的特点进行组合、分离、扩大、缩小，并保证其完整性，达到整体夸张的效果。夸张型的图形设计，可以让版面充满情趣，从而加强版面的艺术感染力和信息的传达力。

R G B=118-210-242
CMYK=53-1-8-0

R G B=2-8-16
CMYK=94-89-80-73

R G B=212-233-251
CMYK=20-5-0-0

◇ 设计理念：这是一个薄荷味口香糖的海报设计，商品以冰和冰山作为装饰，突出了商品的特点。这种夸张的方式让作品创意感十足，具有非常强烈的艺术感染力。

◎ 色彩创意：这是一个低明度的海报设计，整体的配色与商品的颜色相呼应。

■ 若要突出寒冷、冰凉的感觉，那么蓝色调的配色是不二之选。

■ 作品中蓝色和青色的搭配属于类似色的配色，二者的结合形成非常和谐的视觉效果。

● 设计技巧——拟人化的图片处理方式

图片的处理方式有很多种，其中有一种较为常见的方式就是拟人化。拟人化的处理方式能够为作品添加亲和力，而且更容易使观者留下独特的印象。

⦿ 玩转色彩设计

三色设计	四色设计	多色设计

⦿ 精彩赏析

4.6.3 写实

写实是一种能够反映真实的状态，它能够体现事物最本质、最自然的美。写实的图片处理方式在版式设计中是常用的手段。

R G B= 1-43-52
CMYK=96-78-68-48

R G B= 129-165-32
CMYK=58-24-100-0

R G B= 170-129-106
CMYK=41-54-58-0

设计理念： 这是一个美食主题的版面，以诱人的食物作为视觉重心，既能表达主题，又能吸引读者。

色彩创意： 作品整体采用低明度的绿色为主题调，这种深沉、优雅的绿色象征健康与自然。

■ 墨绿色版式背景色与食物上的绿色相呼应。

■ 该作品采用中明度色彩基调，咖啡色的图片背景颜色可以增加食欲。

○ 设计技巧——网页设计的基本思路

网页设计一直在随着时代的发展而不断地变化着，它不停地涌现出各种新思潮、新理念、新的技术，虽然如此，网页设计的基本思路是不变的。

（1）内容决定形式

先把内容充实上，再分区块，再定色调，再处理细节。

（2）先整体，后局部，最后回归到整体

在设计之初要从全局进行考虑，有一个大的方向；然后定基调，分模块设计；最后调整不满意的几个局部细节。

（3）功能决定设计方向

在设计网页的时候一定要考虑网页的用途，例如为教育网站进行设计，那么就要突出师资和课程。

双色设计

三色设计

多色设计

● 精彩赏析

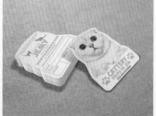

第 **5** 章

版式设计的文字

视觉时代的到来，使读者接受信息的方式也发生了改变。对设计者而言，怎样才能将版式设计作品中的各大要素恰到好处地融合在一起，使版面形成功能与形式的完美结合，且符合当今受众的审美才是首要问题。版式设计中，文字是重要的设计要素，文字既是作为信息传递与交流的手段，也是一种承载语言的图像或符号。文字风格与版式风格关系尤为密切，不同的字体代表不同的风格，文字字体、字号和编排形式的设计都要与整个版面相协调。在这一章中，主要讲解版式设计中文字的运用和编排形式。

SHOP BLIND BARBER

5.1 版式设计中文字的组织原则

　　文字在版式设计中不单单是用于传递信息，更是一种艺术表现形式。文字不仅能够提升版面的启迪性和宣传性，更能通过不同的编排方式引领独特的审美视角。为了版面的功能和视觉效果能完美地体现，对于文字的组织可以遵循主次分明、传达准确、简单易读、风格独特、文字内容与编排形式相统一的五项原则。

5.1.1　主次分明

每个版面中的信息都是分等级的，不同等级的信息在版面所处的位置、字号的大小、字体的选择都是不同的。主要信息一般占据最重要的位置，次要信息处于从属位置。通常主次分明的版面对比效果也比较强烈。

R G B=224-224-224
CMYK=14-11-11-0

R G B=66-66-66
CMYK=76-70-67-32

> ◭ **设计理念：** 这是一个名片设计，在卡片上没有任何的装饰花纹，颜色只有黑色，只有简单且直白的文字信息。设计者将名片持有者的名字作为视觉重心，而且采用书写体，起到很好地突出作用。
>
> ◖ **色彩创意：** 作品采用亮灰色调，亮灰色能够给人一种沉稳、内敛，且温和、舒适的视觉感受。
>
> ▦ 作品为无彩色的配色方案，整体向人传递的是一种沉稳、气度不凡的感觉。

◒ 设计技巧——强调字体

文字既是语言信息的载体，又是具有视觉识别特征的符号系统。它不仅传递信息，也具有情感的诉求。网页中以强调字体的方式去进行设计，可以给予人不同的视觉感受和比较直接的视觉诉求力。

◎ 玩转色彩设计

双色设计	三色设计	多色设计

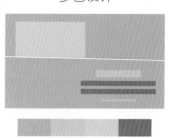

◎ 精彩赏析

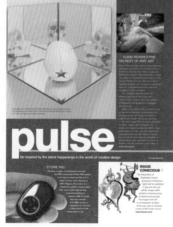

5.1.2　传达准确

　　每个版面的空间都是有限的，正因为版面空间有限，所以传递的信息就要更加精准。将版面内的文字高度凝练，能够让读者轻松阅读，使信息传递更加直白。

R G B=229-31-31
CMYK=11-95-93-0

RGB:167-23-46
CMYK=41-100-88-7

R G B=249-187-185
CMYK=2-37-20-0

　　设计理念：　这是一个休闲食品的海报设计，海报以商品作为视觉中心，以简短的文字向观众传递商品的信息。

　　色彩创意：　作品选择红色为主色调，是为了与商品相呼应。

　　■ 红色的海报整体给人一种热情洋溢的视觉感受。

　　■ 该作品采用类似色的配色，商品的颜色和背景的颜色虽然采用统一色调，但不同明度的颜色变化，让海报产生多层次的感觉。

○ 设计技巧——网页中模糊的背景

　　模糊的背景是网页设计近几年的流行趋势，这样的处理方式能够将前景中的信息凸显出来。同样能够烘托出网站所要给用户的氛围，也更能够突出产品或者人物本身特质。

● 玩转色彩设计

双色设计	三色设计	多色设计

● 精彩赏析

5.1.3　简单易读

简单易读就是让读者阅读起来方便、好理解。只有抓住重点，中心突出，思维明确，才能真正意义上地体现出简单易读。

R G B=255-196-37
CMYK=-255-196-37

R G B=78-179-209
CMYK=-66-15-18-0

R G B=65-84-88
CMYK=-79-64-60-17

> ◢ 设计理念：这是一个网页设计，网页中左对齐的文字条理清晰，而且文字内容较少，所以非常易于理解。
>
> ◓ 色彩创意：作品属于高明度的色彩基调，整体是一种明快、活泼的情感基调。
> ▓ 黄色为主要的色彩基调，整体给人一种充满希望和活力的感觉。
> ▓ 模糊背景的处理也极大地丰富了画面的色彩。

◉ 设计技巧——版式中艺术字的作用

在版面中总会精心安排一些艺术字，这些艺术字不单单是传达信息的载体，作为一种特殊的设计图形符号，还起着强化主题、使作品更具感染力的作用。

⊙ 玩转色彩设计

双色设计	三色设计	多色设计

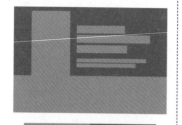
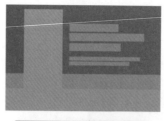
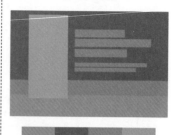

⊙ 精彩赏析

5.1.4 风格独特

为了使版面内容精彩，吸引读者注意，所以每一个版面都有属于自己的风格。找对与自己主题相吻合的风格，并形成独特的风格,这样才能引起读者的注意并产生阅读兴趣。

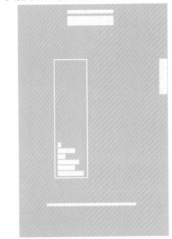

R G B=217-217-217
CMYK=18-13-13-0

R G B=92-92-92
CMYK=71-62-59-12

R G B=229-249-5
CMYK=21-0-85-0

> ◈ 设计理念：在这个海报中，文字的排列结构非常松散，但是它将主要的信息用一个矩形框围了起来，所以在保证文字风格新颖独特之外，还能有效地传递出信息。

> ◈ 色彩创意：无彩色的主色调象征着低调、理性、朴素。

> ▦ 作品中灰色与荧光黄的对比十分强烈。

◉ 设计技巧——版式设计中颜色的选择

在对版式主要的色彩基调进行设定时，根据对主体内容的印象决定作品要使用的主要颜色，可以从红、橙、黄、绿、青、蓝、紫这些基础色中选择作品要使用的色相。例如传达可爱、甜美的作品中选用了粉色或淡紫色，如下左图所示。表现冰爽、寒冷选择青色和蓝色，如下右图所示。

● 玩转色彩设计

双色设计	三色设计	多色设计

● 精彩赏析

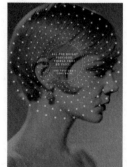

5.1.5　文字内容与编排形式相统一

文字内容就是指所要传递的信息，编排形式是指对版面中内容的构思、描述或创意。信息内容能够直接触动读者的主观意识，而编排形式能够触动读者的潜意识，二者的统一才能让版面引起读者的联想与共鸣。

R G B=167-177-212	R G B=131-42-54	R G B=228-207-207
CMYK=40-29-7-0	CMYK=51-93-76-21	CMYK=13-22-18-0

▲ 设计理念：这是一个粉底的海报设计，文字内容紧紧挨着商品图形，有非常好的说明效果。而且在配图的选择上，以明星做代言，同样能使海报更具感染力。

◉ 色彩创意：作品整体色调比较轻柔，非常符合海报的主题。

▣ 主体文字的颜色是从商品盖子上"提取"而来，这种选色的方法非常可取，因为这样既能与商品相呼应，又能保证整个版面的色彩协调性。

▣ 淡紫色的背景清新雅致，又不会喧宾夺主。

● 设计实践——多点颜色多点活力

颜色是组成版面的重要视觉要素，当画面颜色少时，体现的是一种纯粹、直白、简洁的视觉印象。但要表现一种活力、激情、奔放的情感时，不防为画面中多添加些颜色，让颜色内容丰富些，这样作品能够更具感染力。

◎ 玩转色彩设计

双色设计	三色设计	多色设计

◎ 精彩赏析

5.2 字体的选择

　　每一种字体都有自己的性格，所以给人的视觉感受也是不同的。在为作品选择字体之前，就需要了解每种字体的特点，根据版式的内容选择合适的字体，做到"对症下药"。例如，中式书法体随性、奔放，适合应用于复古、民族的主题的版式中，简体就适合应用于比较现代、时尚的版式中。

5.2.1 粗与细

当文字笔画粗的时候，是一种浑厚、坚实、厚重的感觉。因为笔画较粗，所以视觉面积就会增加，容易形成重心，具有吸引、强调的作用。因此粗字体通常会应用在文章的标题、封面的名称上。当字体比较细的时候，是一种轻盈、纤巧、单薄的感觉。因为比较细，所以笔画的负空间较大，在整体结构上就会变得比较稀疏，版面的通透性就会提高，不易造成压迫感。

永　永　永　永　永

粗 ←- - - - - - - - - - - - - - - - - →细
浑厚　　　　　　　　　　　　　　轻盈

R G B=233-204-173　　　R G B=220-108-177　　　R G B=170-122-55
CMYK=11-24-33-0　　　CMYK=19-69-0-0　　　CMYK=42-57-88-1

◢ 设计理念：这是一个关于时尚主题的杂志版面，纤细的字体笔直袖长，给人一种灵动、轻盈之感。这种纤细的字体常应用于时尚主题的版面中。

◐ 色彩创意：作品为高明度的色彩基调，整体给人一种明快、洒脱之感。

■ 作品为人物面部特写，整体倾向于暖色调。通过这种色调传递一种健康、阳光之感。

■ 唇彩的粉色是整个画面颜色的点睛之笔。

◎ 玩转色彩设计

双色设计　　　　三色设计　　　　多色设计

◎ 精彩赏析

5.2.2　曲与直

　　当字体为曲线形态时，字体就有了弹性，它变得优美婉转、随性自然。当字体为直线形态时，它是坚实有力、理性严谨的。

R G B=245-217-90
CMYK=9-17-71-0

R G B=33-147-59
CMYK=80-26-100-0

R G B=57-65-74
CMYK=81-72-62-29

　　🔺 设计理念：这是一个以文字为主题的海报设计，曲线的文字流畅而优美，在不知不觉中将人的视线向下引导，直至观者了解全部信息。

　　🌀 色彩创意：作品采用对比色的配色方案，黄与绿的对比鲜明而不刺激。

　　▦ 在深灰背景的衬托下，前景中的内容非常显眼。

　　▦ 黄色作为主色调，颜色饱满而夺目。

○ 玩转色彩设计

双色设计	三色设计	多色设计

○ 精彩赏析

5.2.3 松散与严谨

　　文字具有松散与严谨之分。一般日常的书写体都是比较松散的，文字给人的感觉是轻松活泼、可爱随性的。而一般在较为严肃的场合，都会采用较为严谨的字体，这样能迎合气氛，有种端庄之美。

松散　　　　　严谨
←--------------------→

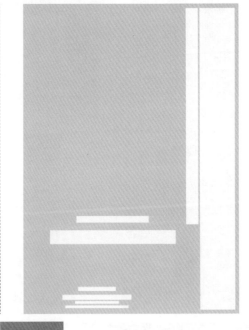

R G B=191-44-46
CMYK=32-95-89-1

R G B=23-23-46
CMYK=15-4-84-0

R G B=185-106-57
CMYK=35-68-84-0

> 设计理念：海报整体为可爱卡通风格，所以采用了较为松散的手写体。整个海报给人一种比较通俗、舒适的感觉。

> 色彩创意：作品以饮食为主题，采用红色为主色调，有促进食欲的作用。

> 黄色为点缀色，它与红色形成对比效果。

> 作品中的白色有缓冲红色与黄色对比效果的作用。

◎ 玩转色彩设计

双色设计	三色设计	多色设计

◎ 精彩赏析

5.2.4 简与繁

　　在这里的简与繁是指文字笔画的复杂程度。简洁的字体会摒弃过多的细节，以标准的几何形体做结构，越简单的字体就越现代。而越复杂的字体就越复古，给人的感觉是优雅、古典的。

复古　　　　　　　　现代

作品所选择的字体线条弧度优雅，线条粗细程度不一，给人优雅、深邃之感。　　作品所采用的字体较为简单，文字线条粗细统一，整体给人一种简单、率真之感。

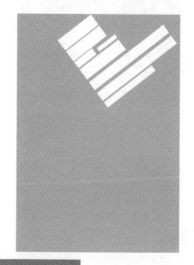

R G B=246-245-201　　　R G B=224-27-81　　　　R G B=236-111-125
CMYK=7-3-29-0　　　　　CMYK=14-96-56-0　　　　CMYK=9-70-37-0

△ 设计理念：作品中文字简短有力，简约的文字造型极具现代感。符合海报整体风格，同样能够紧扣海报的主题。倾斜的文字同样能够吸引观者的眼球，达到瞬时传递信息的目的。

◎ 色彩创意：作品用色简单，红色和淡黄色为对比色。
■ 在淡黄色背景的衬托下，红色的主体图形非常醒目。
■ 以黑色作为文字的颜色，给人一种不能反抗的力量。

○ 玩转色彩设计

双色设计	三色设计	多色设计

○ 精彩赏析

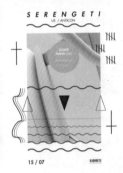

5.3　字号的选择

　　字号是表示字体大小的术语。在一个设计作品中，字号大小没有统一规定，而是根据环境而定。例如在户外广告中，文字的字号就会比杂志广告大。让字号变大后，就会变得非常突出。而字体非常小时，精密度就会提高，但是会影响阅读。所以对于字号的选定，还要根据实际情况而定。

5.3.1 大字号

当一个"点"的面积足够大时,它就变成了一个"面",文字也是如此。当字号足够大时,每个文字就形成了一个"面",它也就变得非常地有力量和号召力,同样也变得十分醒目。

R G B=46-22-22
CMYK=73-86-82-65

R G B=243-227-212
CMYK=6-14-17-0

R G B=191-44-46
CMYK=32-95-89-1

> 设计理念: 在该作品中文字信息较少,大字号的文字让人一秒钟就了解海报所要表达的信息。而且加粗的字体也非常具有吸引力和号召力。

> 色彩创意: 以深褐色作为海报的主色调,这与商品相呼应,使观者能够在看到海报时联想到商品的口感。

> ■ 作品为单色调配色,通过颜色的不断变化形成空间感。

> ■ 作品以卡其色为点缀色,这样的配色方案既能够保证整体色调的统一,又丰富了画面的颜色。

● 设计理论——颜色的通感

"通感"是由于某一感官受到了某种触动,本来只是该感官有感受,但是由于这种触动,却引发了人的另一种感官的感受。例如当人们看到红色的苹果就会联想到它香甜清脆的口感,不禁会说到"这苹果看起来好甜啊!",这就是颜色的通感。这种"通感"被广泛应用在平面设计中,例如在下图中,虽然是两个主题的版面,但是都以绿色作为主色调,当我们看到绿色时的第一反应就是:健康的、自然的、无害的。

◎ 玩转色彩设计

双色设计	三色设计	多色设计

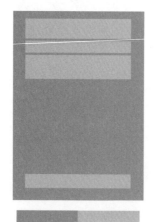

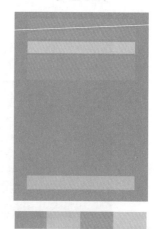

◎ 精彩赏析

5.3.2　小字号

　　文字是信息传递的出口，当画面内容足够吸引受众注意时，受众的视线就会主动寻找文字信息。此时，如果采用小号的文字，就会更加吸引受众的注意。在一些文字信息较多的版面中，会通过缩小字号为版面添加更多的文字。值得注意的是，字号不宜过小，否则会影响阅读，从而失去了版面存在的意义。

R G B=9-10-75
CMYK=100-100-62-29

R G B=98-180-49
CMYK=65-9-98-0

R G B=129-92-220
CMYK=67-69-0-0

◢ 设计理念：　这是一个饮品的海报设计，通过精妙的合成技术达到非常独特的视觉体验。画面中的标题文字字号较小，观者的视线是由商品移动到文字的，文字的主要作用是辅助信息的传递。

● 色彩创意：　作品为中明度的色彩基调，黑夜与森林形成了神秘、诡异的气氛。
■ 背景的天空采用由紫到蓝的渐变色，这种类似色的渐变颜色效果非常和谐自然。
■ 前景中绿色的森林既能呼应商品的颜色，又能体现出自然、清新的主题。

● 设计实践——文字较小时，字体的粗细会影响可读性

　　当文字较小时，笔画的粗细也会对文字的可读性造成影响。当字体过粗时，为阅读带来了压迫感。当字体较细时，版面的负空间加大，阅读起来更加顺畅。

Before：

将进酒·君不见
作者：李白
君不见，黄河之水天上来，奔流到海不复回。
君不见，高堂明镜悲白发，朝如青丝暮成雪。
人生得意须尽欢，莫使金樽空对月。
天生我材必有用，千金散尽还复来。
烹羊宰牛且为乐，会须一饮三百杯。
岑夫子，丹丘生，将进酒，杯莫停。
与君歌一曲，请君为我倾耳听。
钟鼓馔玉不足贵，但愿长醉不复醒。
古来圣贤皆寂寞，惟有饮者留其名。
陈王昔时宴平乐，斗酒十千恣欢谑。
主人何为言少钱，径须沽取对君酌。
五花马，千金裘，呼儿将出换美酒，与尔同销万古愁。

After：

将进酒·君不见
作者：李白
君不见，黄河之水天上来，奔流到海不复回。
君不见，高堂明镜悲白发，朝如青丝暮成雪。
人生得意须尽欢，莫使金樽空对月。
天生我材必有用，千金散尽还复来。
烹羊宰牛且为乐，会须一饮三百杯。
岑夫子，丹丘生，将进酒，杯莫停。
与君歌一曲，请君为我倾耳听。
钟鼓馔玉不足贵，但愿长醉不复醒。
古来圣贤皆寂寞，惟有饮者留其名。
陈王昔时宴平乐，斗酒十千恣欢谑。
主人何为言少钱，径须沽取对君酌。
五花马，千金裘，呼儿将出换美酒，与尔同销万古愁。

○ 玩转色彩设计

双色设计	三色设计	多色设计

○ 精彩赏析

5.4　字距与行距

　　字距与行距的处理能决定作品的风格与品位，也能令作品产生丰富的心理感受。字距与行距没有固定的模式，只要是符合当前主题内容就是最合理的。对于一个版面来说，字距与行距的加宽或缩小都能够体现版面的内涵。当字距或行距加宽时，能够体现轻松、舒展的情绪，适合娱乐、抒情的读物；当字距或行距缩小时，能够加速阅读，营造紧张、严肃的阅读环境。字距和行距是塑造版式形式感的重要手段，也是形式美感的需要。好的字距和行距的设计应该打破常规、富有感染力。

 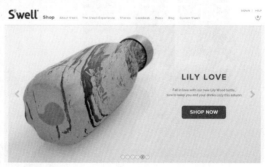

5.4.1 排列疏松

排列疏松的版面文字负空间较大，所以给人一种疏朗、放松的视觉印象。排列稀疏的版面通常会降低阅读压力，减缓阅读的速度。

 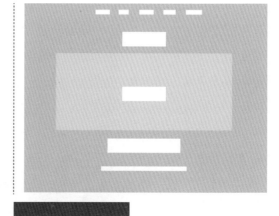

R G B=104-106-103	R G B=234-237-234	R G B=63-68-140
CMYK=7-57-57-5	CMYK=10-6-9-0	CMYK=87-82-20-0

🔺 **设计理念**：这是一个网站的首页设计，稀疏的标题文字是网页的一处亮点，在这种舒缓的阅读节奏中，访客能够感受到一种悠然、放松的感觉，从而增加访客的逗留时间。

🌀 **色彩创意**：作品采用高明度的配色方案，亮灰色调的配色给人一种大方、干净的印象。

▦ 作品还采用了有彩色和无彩色的对比，这样能够让标题文字更加突出。

▦ 标题文字采用统一的颜色，这样的设计能够让文字在排列疏松的情况下，还能够形成连贯的视觉效果。

⊙ 设计技巧——版面的跳动率

标题文字的大小与正文文字大小之比叫作跳动率。跳动率越大，画面越活跃；跳动率越小，画面越稳重。下面两幅作品分别是大跳动率和小跳动率的版面设计。

 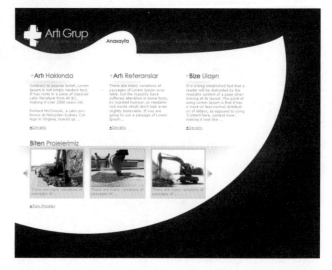

○ 玩转色彩设计

| 双色设计 | 三色设计 | 多色设计 |

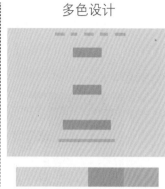

○ 精彩赏析

第 5 章 版式设计的文字

5.4.2　排列紧密

排列紧密的文字适合文字较多的情况，紧密排列的文字能够体现出排列的形式感。当文字排列紧密时，容易使读者产生视觉疲劳，所以可以通过调整每行的长度来减轻阅读的疲劳感。

R G B=255-251-159
CMYK=5-0-47-0

R G B=84-109-155
CMYK=75-58-25-0

R G B=92-92-92
CMYK=70-62-61-12

设计理念： 在该版面中，文字排列得较为密集，所以将文字分开排列，一方面保证了文字与图片的对应，另一方面减轻了阅读的压力。

色彩创意： 在这个版面中以灰色作为主色调。
两张彩色的图片在灰色的衬托下，显得格外突出。

⊙ 设计技巧——行距的特殊处理方法

当整个版面中行距等宽时，能够在视觉上形成统一感，但是会给人一种呆板、沉闷的感觉。如果要增加版面的空间层次感和弹性，可以采用宽、窄同时并存的方法。

◎ 玩转色彩设计

双色设计	三色设计	多色设计

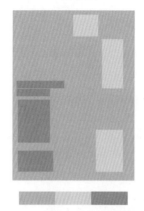

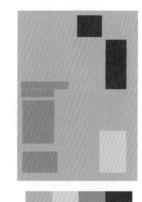

◎ 精彩赏析

5.5 文字的编排形式

文字作为版式中信息传递的重要手段，对于它的编排是非常重要的。合理的文字编排形式不仅能够打造个性化的版面，还能够控制版面的整体风格。文字有左右对齐、左对齐、右对齐、居中对齐、底对齐、顶对齐、首字下沉和文字绕图八种编排形式。

5.5.1　左右对齐

文字从左端到右端的长度均相等，这样的文字排列显得端庄、严谨，整体效果美观、大方。在文字信息较多的版式中，左右对齐能够让布局更加整体，从而使画面显得平静、舒缓。左右对齐的布局方式能够降低文字带来的心理压力，从而增加适读性。

R G B=91-1-1
CMYK=56-100-100-49

R G B=208-208-208
CMYK=22-16-16-0

R G B=38-0-0
CMYK=74-93-90-72

⬧ 设计理念：这是一个海报设计，文字位于版面的下方，左右对齐的方式给人以整齐、规范的感觉。文字的字体和字号也有节奏地改变着，形成了一种韵律感。

⬧ 色彩创意：在这幅海报中人物的表情凝重，采用黑白色调能够与之气氛相呼应。

▪ 人物撕扯的动作象征着反抗、暴力，而深红色给人一种血腥、残暴的感觉，两种事物所带来的视觉感受是相同的，二者相互配合，突出海报主题。

◉ 设计理论——色彩的搭配原理

对于一个版式设计而言，色彩是一项重要的视觉语言。优秀的色彩搭配可以起到锦上添花的作用。

（1）色彩的鲜明性

版式中鲜明的色彩更容易引起人们的注意。

（2）色彩的独特性

与众不同的颜色，给人一种全新的视觉感受，使访观者对版式产生深刻的印象。

（3）色彩的合适性

在选择配色方案时，要从版式的内容作为出发点，使颜色和版式的气氛相适合。

（4）色彩的联想

不同的颜色能够产生不同的联想，选择色彩要和版式的内涵相关联。例如：红色能够使人联想到喜事，绿色能够使人联想到森林。

三色设计　　　　　　　四色设计　　　　　　　多色设计

  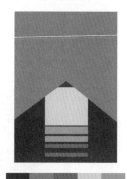

○ 精彩赏析

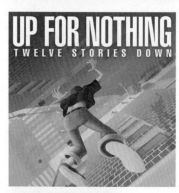  

5.5.2 左对齐

左对齐的排列方式符合现代人的阅读习惯，能够形成一种自然、舒适的阅读环境。

 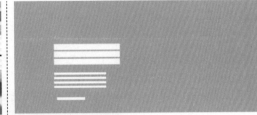

R G B=230-27-104
CMYK=11-94-37-0

R G B=224-199-215
CMYK=15-26-7-0

R G B=150-11-26
CMYK=45-100-100-15

◆ 设计理念：该作品是彩妆网站中的一个页面，人物在右侧，所以将文字摆放在了左侧。左对齐的文字符合阅读习惯，文字的排列也很有条理性，非常利于阅读和理解。

◐ 色彩创意：该作品以洋红色作为主色调，符合女性的审美。

▦ 作品彩妆的网页设计，以鲜艳的颜色作为主色调可以紧扣主题、吸引访客。

▦ 作品采用类似色的配色方案，颜色相近的颜色搭配在一起效果非常和谐。

● 设计技巧——网页中的"幽灵"按钮

"幽灵"按钮是一种透明的按钮，它的特点是"薄"而"透"，形成一种"纤薄"的视觉美感。这类按钮不设底色、不加纹理，按钮仅有一层薄薄的线框标明边界，确保了它作为按钮的功能性。这类按钮通常应用在简约式的网页设计中，它既不影响网页的整体效果，又具有功能性。

玩转色彩设计

双色设计	三色设计	多色设计

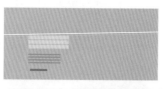

精彩赏析

5.5.3　右对齐

　　右对齐是一种反阅读习惯的编排方式，因而应用较少。正因为应用较少所以以右对齐的方式进行编排会给人一种新颖、另类的感受。

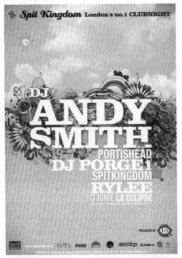

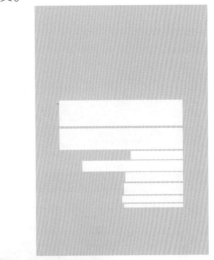

R G B=251-204-150
CMYK=3-27-44-0

R G B=117-194-186
CMYK=57-8-33-0

R G B=250-12-9
CMYK=0-96-95-0

　　设计理念：在该海报中文字以右对齐的方式进行编排，以逆向思维打破传统，给人标新立异的视觉感受。

　　色彩创意：作品为中明度色彩基调，颜色丰富但不花哨，尺度拿捏非常好。

　　■■ 青色的天空和黄色沙滩，还有绚丽的花纹打造了独特的夏日风情。

　　■■ 作品中以多种颜色作为点缀色，使得海报的气氛非常活跃、欢乐。

◎ 设计技巧——强调文字的方法

　　强调版式中文字的方法有很多，例如加粗字体、增大字号。我们还可以为文字添加边框以增加文字的视觉效果。在版式中，将主体文字添加边框起到非常好的强调、突出作用。

玩转色彩设计

双色设计	三色设计	多色设计

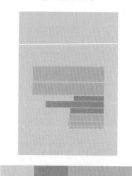

精彩赏析

5.5.4　居中对齐

居中对齐的文字编排是以中心为轴线，两端的字距相等。居中对齐的编排方式在排版中是非常常见的，这样的排版的特点可以将视线集中，中心更加突出，整体性更强。这种编排方式常用在杂志版式、海报、网页设计中。

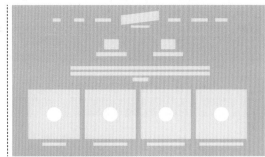

R G B=242-239-196
CMYK= 9-5-30-0

R G B=200-194-108
CMYK=29-21-66-0

R G B=199-0-0
CMYK=28-100-100-1

⯅ 设计理念：　该作品为网站的首页设计，整体的文字以居中对齐的方式进行编排。版面整体的排版是较为松散的，以居中对齐的方式进行排版，可以让版面更连贯、紧凑。

◉ 色彩创意：　作品以白色作为主色调，整体给人一种简约、纯粹的视觉感受。

■ 作品中的文字采用深灰色调，它与白色的搭配形成相对较弱的对比效果，所以整体效果是较为温和的。

■ 在这种简约、干净的氛围中，彩色的图片非常抢眼，能够吸引访客的注意。

◔ 设计技巧—— 颜色有"性别"

每个人都有自己的颜色喜好，而且男性与女性的喜好还有所差别。调查显示，男性和女性都喜欢蓝色和绿色，男性和女性都比较讨厌橙色和褐色。而不同的是男性喜好黑色、讨厌紫色，女性则喜好紫色、讨厌灰色，所以说颜色是有"性别"之分的。在网页设计的配色中，不妨考虑网页的受众群体，然后再去考虑网页的色彩搭配。

	喜欢的颜色		喜欢的颜色	
♂ 男	蓝色	黑色	橙色	紫色
♀ 女	绿色	紫色	褐色	灰色

双色设计	三色设计	多色设计

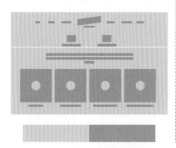
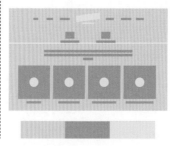
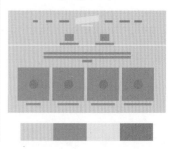

精彩赏析

5.5.5 顶对齐

顶对齐的对齐方式是以顶部进行对齐，通常在中式、日式风格的版式设计中，或者一些竖排的文字中会采用顶对齐的对齐方式。

R G B=209-205-204 CMYK=21-19-17-0	R G B=183-47-47 CMYK=35-94-89-2	R G B=213-206-185 CMYK=20-18-29-0

> **设计理念：** 这是一个日式风格的海报设计，文字以顶对齐的方式进行排列，很有民族特色，营造怀旧、古朴的意境。

> **色彩创意：** 该海报为中明度色彩基调，灰色调的配色给人温和、质朴的视觉感受。
> ■ 作品中的红色丰富了版式中的色彩，为原本单调的颜色增添了几分浪漫。
> ■ 作品中前景与背景的色彩对比较弱，所以给人柔和、优雅的感觉。

◎ 设计技巧——巧用视觉的节奏

画面中的节奏很大程度取决于感觉。不同的节奏所带来的视觉感受也是不尽形同的。

相同的颜色色块给人一种平缓的节奏。

通过颜色的改变，可以让人感觉到节奏。

添加了特殊的元素后，这个元素就会成为页面中的重点内容。

双色设计	三色设计	多色设计

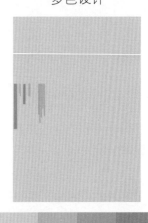

○ 精彩赏析

5.5.6　底对齐

　　底对齐是将文字在底端进行对齐，而顶端不对齐。这种对齐方式通常出现在分栏较多的版面中，这样能够为版面中的其他内容留有更多的空间，而使文字效果统一、协调。通常应用于杂志、报纸等版式设计中。

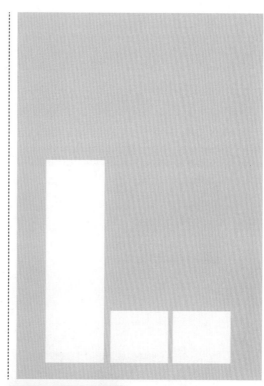

R G B=191-217-222 CMYK=30-9-13-0	R G B=153-170-60 CMYK=49-26-89-0	R G B=210-45-20 CMYK=22-94-100-0

　　设计理念： 这是一个杂志版式，底对齐的编排方式为主体图像留出足够的空间。而且文字部分既理性有条理，又活泼而具有弹性。

　　色彩创意： 作品属于高明度色彩基调，以白色作为主色调，绿色、淡青色和红色作为点缀色，整体色彩感觉十分干净、清爽。

　　■ 以这种色彩基调作为美食专栏的主色调，突出健康生活的主旨。

◎ 设计技巧——强调版式整体性的几点方法

　　（1）按照主从关系的顺序，使主体内容形成视觉中心，从而表达主题思想。

　　（2）将文案中的多种信息作整体编排设计，有助于主体形象的建立。

　　（3）将版面的各种编排要素在色彩上进行统一。

　　（4）加强整体方向视觉秩序。如水平结构、垂直结构、斜向结构、曲线结构。

　　（5）将文案中的多种信息合成块状，使版面具有条理性。

双色设计　　　　　三色设计　　　　　多色设计

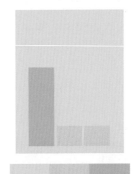

● 精彩赏析

5.5.7 首字下沉

首字下沉是指将段落的中的第一行的第一个字字体变大，并且向下移动一定的距离，与后面的段落对齐，段落的其他部分保持原样。首字下沉主要应用于文字较多的版面，是一种西文的使用习惯，中文里面用得较少。首字下沉具有吸引读者注意，引导阅读的作用。

R G B=192-180-168
CMYK=30-29-32-0

R G B=8-137-194
CMYK=81-38-13-0

R G B=216-0-36
CMYK=19-100-92-0

⬥ **设计理念：** 这是一个杂志版式，首字下沉的设计将读者的视觉自然而然地引导到正文处。而且整幅画面中文字层次丰富，条理清晰有序。

◉ **色彩创意：** 该作品中的色彩来源于摄影作品，人物的古铜肤色象征着健康与活力。

■ 作品中正文部分采用了白底黑字，这样的设计能够有助于阅读。

○ 设计技巧——首字下沉的创意

为了让首字下沉的效果更加突出，可以通过对文字的字体、颜色、大小、编排方式进行创意，使首字效果更加突出。

该首字采用粗体，而且更改了文字的颜色，视觉效果非常活泼。

夸张的字号非常醒目，在这样一个以文字为主的版式中，既添加了版式的趣味，也引导了读者的视线。

该版式中首字下沉不仅字号非常大，而且采用文本绕排的方式，整体效果独特，让人过目难忘。

◉ 玩转色彩设计

双色设计

三色设计

多色设计

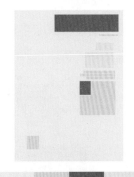

◉ 精彩赏析

136 /版式设计与创意

5.5.8 文字绕图

文字饶图是常用的编排方式，是指文字直接围绕图形的边缘进行排列。这种手法能够给人自然亲切、生动有趣之感。

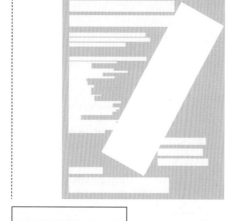

R G B=212-1-10
CMYK=21-100-100-0

R G B=232-192-28
CMYK=15-28-89-0

R G B=255-255-255
CMYK=0-0-0-0

设计理念：这是一个杂志广告，将商品倾斜摆放在版面中间，文字围绕其周围进行排列，这样的设计既能够充分地展现商品，又能够起到说明的作用。

色彩创意：作品辣椒酱的广告，以红色作为主色调能够体现出"辣"的感觉。

作品中热情而张扬的红色非常抢眼，而素雅干净的白色清爽大方，二者搭配在一起格外醒目。

● 设计技巧——文字的图形化

文字的图形化是将文字排列组合成一个图形，使文字和图形相融合，以此相互补充说明。这种编排方式能够加强版面的形式感，使整个画面生动而富有情趣。

双色设计　　　　　三色设计　　　　　多色设计

● 精彩赏析

第**6**章

版式设计与色彩印象

在版式设计中，色彩总是在第一时间内闯入我们的视线，具有先声夺人的效果。不同的色彩给人的感受也是不同的，色彩有助于烘托版式的主题，加强画面的情调和感染力，从而吸引观者的注意、而引起共鸣，并产生深刻印象的作用。版式设计中的色彩就像是穿衣服，不仅要穿对场合，还要穿得漂亮。因此版式设计中色彩很大程度上决定了版式设计的成败。

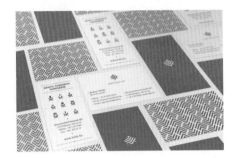

6.1 认识色彩

我们生活在一个缤纷绚丽的世界中，天空、草地、海洋、花朵都有它们各自的色彩。色彩是通过人眼反映到大脑，然后结合生活经验所产生的一种对光的视觉效果。如果这个世界上没有光，那么就无法在黑暗中分辨物体的颜色。

人们之所以能看到并能辨认物象的色彩和形体，是因为凭借光的映照反映到我们视网膜的成果，若是光一旦消掉，那么色彩就无从辨认。人要是想看见色彩必须要有三个条件。

第一是光，如果没有光就没有色彩。

第二是物体，若只有光没有物体人依旧不能感知到色彩。

第三是眼睛，人的眼睛中有视觉感知系统，通过大脑可以辨别出不同的颜色。

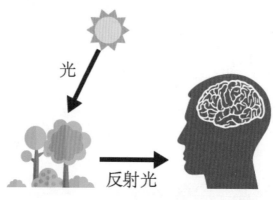

可见光是电磁波谱中人眼可以感知的部分，一般在380纳米到780纳米波长范围内，包括从红色到紫色的所有色彩的光。

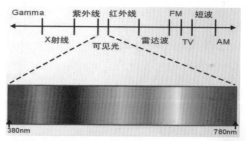

阳光是复色光，由红橙黄绿蓝靛紫这些不同频率的光组成。一束光进入三棱镜后，发生偏转角度不同的折射，所以原本在一个方向前进的光束就会被分解成按偏转角度顺序排列的光带，这个光带就是光谱。光谱实际上就是一种可见的电磁波，有波长和振幅两种特性，其中波长的差异造成色相的区别，如短波长为紫色，中波长为绿色，长波长为红色；振幅的大小决定了光的强弱，也就是色彩的明暗。

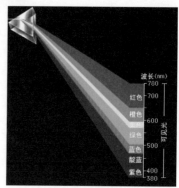

6.2　色彩的属性

色彩的三属性是指色彩具有的色相、明度、纯度三种性质。颜色的三个属性在某种意义上是各自独立的，但在另外意义上又是互相制约的。颜色的任何一种属性发生改变，那么这个颜色必然要发生改变。

6.2.1　色相

色相是指色彩的基本相貌，它是颜色彼此区别的最主要、最基本的特征。我们能在繁杂的颜色中加以区分，就是因为每一种颜色都有自己的鲜明特征。

说到色相就需要了解什么是原色、间色和复色。原色是指不需要通过混合而调配出的基本色。而间色是通过两种颜色调和而得出的颜色。复色是指由原色和间色混合而成的颜色。

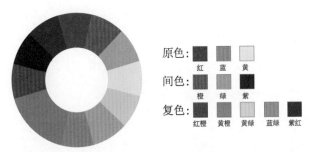

（1）同类色。同类色是指在色环中色相相距 15° 左右的颜色。

（2）邻近色。在色环中两种颜色相距 15° 到 30° 为临近色。

（3）类似色。在色环上 90° 角内相邻接的颜色统称为类似色。

（4）对比色。当对比双方的色彩处于色相环 90° ~120° 之间，属于对比色关系。

（5）互补色。两种颜色在色环上相距 180° 左右为互补色。

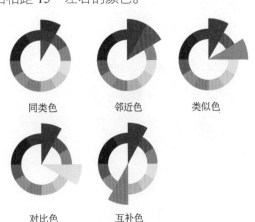

6.2.2　明度

明度是指颜色的明暗程度，色彩的明度分为两种情况：第一种是相同色相的不同明度，第二种是不同色相的不同明度。因为一个画面有了明度的变化，所以才使得画面有层次感和带入感，因此明度是表达立体空间关系和细微层次变化的重要特征。

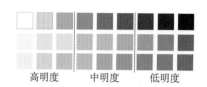

高明度　　　中明度　　　低明度

同样是对背景的处理，在上面左图中，采用不同明度的花纹以丰富视觉层次，颜色既有变化又不会抢眼，能够突出前景中的内容。而在上面右图中，背景以两种不同明度的颜色进行搭配，两者形成极强的视觉冲击力。

6.2.3　纯度

纯度又叫饱和度，是指颜色的浓度，也可理解成色彩的鲜艳程度。越是鲜艳的颜色其所包含的色量越高。相反，一个低纯度的颜色，其中所含色量越低。例如在一种纯色中添加白色、灰色和黑色，它的颜色纯度都会发生变化。

色彩的纯度也是影响视觉效果的重要因素，在版式中，颜色的纯度越高，画面的视觉感受就越鲜艳，视觉冲击力就越强；而颜色纯度越低，画面的颜色对比就越弱，其效果就越柔和。

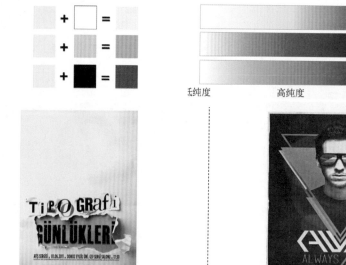

低纯度　　　　　高纯度　　　　　低纯度

该海报作品采用高纯度的配色方案，鲜艳明亮的黄色非常醒目耀眼，具有感染力。　　该作品采用低纯度的配色方案，颜色明度低，给人一种深沉、老练的视觉感受。

6.3 色彩的分类

在千变万化的色彩世界中，人们的视觉能够感受到非常丰富的色彩。按照视觉效果可以将色彩分为有彩色和无彩色两种。有彩色是带有色彩倾向的颜色，例如常见的红、橙、黄、绿、青、蓝、紫等这些都是有彩色。无彩色是指黑、白以及各种明度的灰色，无彩色只具有明度，不含有色彩倾向。

6.4 色彩印象

不同的色彩给人的视觉印象也是不同的，它和人类长期的经验积累息息相关。颜色有着轻与重、冷与暖、前与后的分别。

6.4.1 轻与重

色彩的轻重感，主要取决于明度。明度高的颜色感觉轻，明度低的颜色感觉重。当色彩的明度相同时，纯度高的比纯度低的感觉轻。

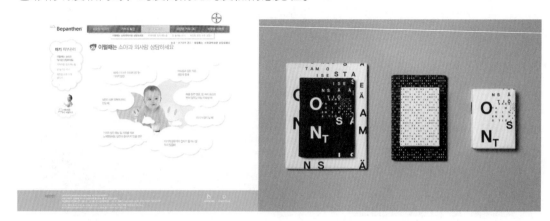

6.4.2 冷与暖

对颜色冷暖的感受是人类对颜色最为敏感的感觉，根据人的心理和视觉判断，冷暖可分为三个类别。

（1）暖色：包括红色、橙色、黄色。

（2）冷色：蓝色、绿色、蓝紫色。

（3）中性色：黑白灰或者介于冷暖之间的颜色。

6.4.3 远与近

色彩的远近感是色彩的明度、纯度、面积等多种对比造成的错觉现象。高明度、暖色调的颜色会感觉其靠前，这类颜色被称为前进色，也称之为膨胀色。低明度、冷色调的颜色会感觉靠后，这类颜色被称为后退色。前进色和后退色的色彩效果在版式设计中应用非常广泛。例如户外广告，大多会选择红色、橙色和黄色等前进色，这是因为这些颜色不仅醒目，而且有凸出的效果，从远处就能看到。

6.4.4　色彩的味觉感

　　色彩能够引起人们的联想，从而感受到"味道"。色彩的味觉在包装设计上有着重要的作用。例如看见红色的糖包装就会使人想到甜味，如果看到绿色的糖果包装就会使人想到酸味。一般来说，红、黄、白具有甜味；绿色具有酸味；黑色具有苦味；白、青具有咸味；黄、米黄具有奶香味等。不同口味的食品，采用相应色彩的包装，能激起消费者的购买欲望，取得好的销售效果。

当红色与辣椒联系在一起，它的色彩感觉就是"辣"。

这是一个抹茶口味的包装，绿色是茶的颜色，当消费者看到这个包装时，自然就会联想到抹茶清晰、微苦的口感。

6.4.5　色彩的华贵质朴感

　　纯度和明度较高的鲜明色，如红、橙、黄等具有较强的华丽感，而纯度和明度较低的颜色，例如灰色、蓝色、绿色具有质朴感。

在该作品中高纯度的颜色搭配在一起，给人一种奢华、艳丽的视觉感受。	灰色没有色彩倾向，因其明度适中，所以给人一种低调、朴素的视觉感受。

6.5 主色、辅助色、点缀色的关系

在一个设计作品中，颜色通常由主色、辅助色和点缀色组成。通常主色决定一个画面的风格和整体的色彩倾向，辅助色能够使画面颜色更加完美、丰富，而点缀色通常起到装饰画面颜色、制造独特风格的作用。

6.5.1 主色

主色决定了一个作品的风格，通常主色所占的面积在 75% 以上，一旦弄错了主色，所表达的主旨就会千差万别。主色并不是只有一种颜色，它还可以是一种色调。如果选择一种色调作为主色调时，通常会选同一色系的颜色或邻近色中的 1~3 种颜色，颜色只要能保持协调就可以。

可以通过以下几种方法去进行判断。

方法一：高纯度的颜色作为主色调

高纯度颜色的特点是色泽艳丽、个性张扬、十分抢眼。在一个画面中，高纯度的颜色很容易吸引住观者的眼球，例如以高纯度的黄色与亮灰色进行对比，下图中的三种情况，黄色均为主色调，因为黄色最抢眼。

在这个作品中，绿色在画面中所占据的面积最大，所以为主色调。

在这个包装中，黄色和淡青色的面积几乎是相等的，但是黄色的饱和度更高，所以为主色。

在该作品中，绿色是最鲜艳、最抢眼的色彩，虽然它面积小，但是依然为主色。

方法二：深颜色作为主色调

深色通常属于后退色，它具有比高明度色彩更吸引人眼球的作用。例如黑色和亮灰色对比，下图中的三种情况，深黑均为主色调。

在这个设计作品中，蓝色占据较大的面积，所以为主色。

在这个封面设计中，蓝色和白色所占的面积相差无几，但是，深蓝色更为抢眼，所以为主色。

在这个三折页中，蓝色的面积虽然小，但是明度低，且面积比红色大，所以为主色。

方法三：面积大的一般为主色调

在颜色明度和纯度相同时，面积大的颜色一般为主色调。例如淡粉色和淡蓝色进行对比，当二者面积相等时，两种颜色均为主色调；当一种颜色的面积大于另外一种颜色时，面积大的颜色为主色调。

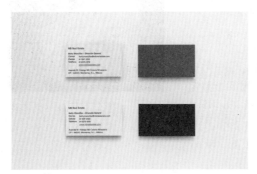

| 在这组名片设计中，红色和蓝色的面积是相等的，所以同属于主色调。 | 在该网页中深青色和洋红色都属于中明度色，但是洋红色的面积较大，所以为主色调。 |

6.5.2 辅助色

辅助色是指辅助或者补充主体色的色彩，具有烘托、渲染的作用。辅助色占作品总面积的 20%，它可以是一种颜色，也可以是多种颜色。

选择辅助色的方法如下所述。

方法一：选择同类色或邻近色作为辅助色

选择同类色作为辅助色能够让整个作品的色彩看起来和谐、统一。选择类似色作为主色调，能够让作品的颜色产生层次丰富的效果。

| 在这个包装中，咖啡色为主色调，淡黄色为辅助色，两种颜色为同类色，这样的配色给人以协调、舒适的视觉感受。 | 在该作品中黄绿色是主色调，橙色为辅助色，二者搭配在一起，使得整个版面颜色丰富、不单调。 |

方法二：选择对比色或互补色作为辅助色

选择对比色或互补色作为辅助色，能够让作品颜色对比更强烈，更具视觉冲击力。如下图所示。

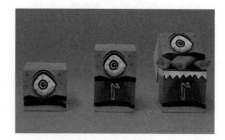

在该作品中，橙色为主色，绿色为辅助色，两种颜色为对比色，所以二者对比强烈，给人活泼、欢愉之感。

绿色和红色是互补色的关系，在这个作品中绿色为主色，红色为辅助色，二者搭配在一起，营造了刺激、诡异的气氛。

6.5.3 点缀色

点缀色是整个作品的点睛之笔，所占整个画面颜色面积的 5%。通过点缀色可以让整个作品营造出独特的风格。

在该作品中采用青色作为点缀色，因为黄色与青色是互补色的关系，所以青色显得格位亮眼。

在该海报中，黑色为点缀色，由于颜色明度的差异加大，所以更容易形成视觉焦点。

6.6 色彩搭配的方法

色彩千变万化，不同颜色所搭配出来的效果也是不同的。不仅如此，版式设计的色彩关乎着一个作品的成败，若要吸引观者，不仅颜色要选得好，而且要搭配得对，这样才能让作品得到认同。其实配色是有一定规律可循的，只要按照这个规律，就能够调配出令人满意的色彩来。

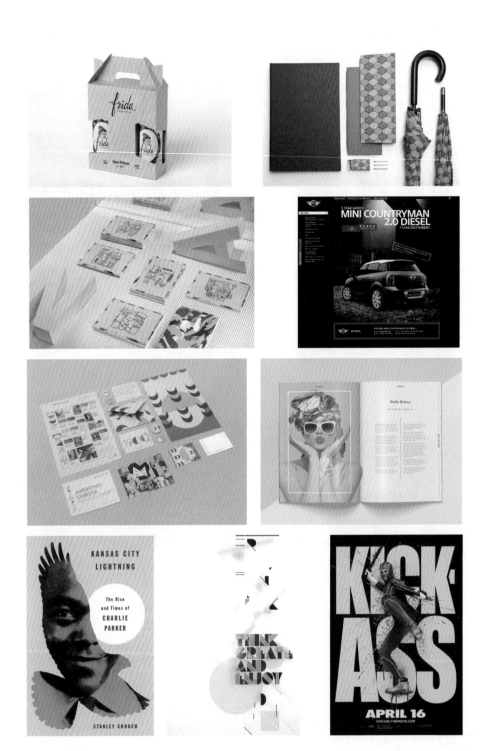

6.6.1　明度对比配色法

　　明度对比是色彩明暗程度的对比。明度对比是色彩构成的最重要因素，色彩的层次与空间关系主要依靠色彩的明度对比来表现。明度按顺序可以分为低明度、中明度和高明度三个等级。

该作品采用低明度的配色方案，以黑色作为主色调，搭配低纯度的有彩色，整体给人一种性感、稳重的感觉。

该作品采用中明度的配色方案，整体倾向于青灰色调，给人一种冷静、中庸的视觉感受。

该作品采用高明度的配色方案，荧光黄通过夸张的颜色给人以刺激感，十分鲜艳夺目。

○ 精彩赏析

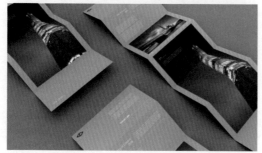

第 6 章 版式设计与色彩印象

6.6.2　色相对比配色法

因为色相之间的差别形成的色彩对比被称为色相对比。色相对比包括：同类色对比、
邻近色对比、类似色对比、对比色对比、互补色对比。

1. 同类色对比

同类色是指在色环中色相相距 15° 左右的颜色，具有色度深浅之分。其特点是对比
效果较弱，给人一种单纯、和谐的视觉感受。

在该作品中以青色为主色调，深青色和浅青色为同一色系，二者搭配在一起自然、协调，虽然
没有过于强烈的颜色对比，但是给人一种舒缓、宁静的心理感受。

2. 邻近色对比

在色环中两种颜色间距为 15° 到 30° ，两种颜色在色相上是有所区别的，但是对比
效果也比较弱，给人一种优雅、和谐之感。邻近色的对比效果比同类色对比的效果更加
活泼一些。

该作品采用红色搭配橘红色的配色方案，两种颜色为邻近色，这个包装中的色彩既有颜色的变化，
又不会让人觉得过于花哨。

3. 类似色对比

在色环上 90° 角内相邻接的颜色统称为类似色。类似色的对比效果不是十分强烈，
是一种既有变化又不冲突的对比效果。

黄色与绿色为类似色，二者搭配在一起既能让人觉得颜色丰富、充满情趣，又不会过于花哨，对比强烈。

4. 对比色对比

当对比双方的色彩处于色相环 90°~120° 之间，属于对比色关系。对比色产生的对比效果十分的鲜明、活泼，具有明快、饱满、华丽、活跃和使人兴奋的特点。

红色与绿色为对比色，二者对比强烈但是不刺激，这样的配色能够带动观者的情绪，给人饱满、鲜活的视觉感受。

5. 互补色对比

两种颜色在色环上相距 180° 左右为互补色，互补色对比是最强烈的色相对比，具有强烈、热情的视觉效果。

绿色与红色为互补色，在该作品中以绿色为主色调，红色为点缀色，二者的结合形成鲜明的对比效果。

6.6.3　纯度对比配色法

由于颜色的纯度不同所形成的色彩对比，叫作纯度对比。根据不同纯度等级的色彩组合特点，可以将纯度对比分为四类，分别是：高纯度对比、中纯度对比、低纯度对比、艳灰对比。

纯色　　　　　　　　　　　　　　　　　　　　无彩色
高纯度　　　　**中纯度**　　　　**低纯度**

1. 高纯度对比

高纯度对比是指作品大部分色彩都采用高纯度色彩。高纯度对比使画面艳丽，要注重色彩的面积处理，如果没有恰当的处理会使人产生视觉疲劳感。

该作品采用高纯度的绿色和黄色进行搭配，二者为类似色，搭配在一起给人一种朝气蓬勃、精力充沛的视觉印象。

这组卡片都采用高纯度的纯色，这种颜色给人欢快、年轻的感觉。

2. 中纯度对比

主色和其他颜色均为中纯度色彩基调的对比效果被称为中纯度对比。中纯度对比效果温和、静态、舒适，非常具有亲和力。

在该作品中，中纯度的配色搭配在一起对比较弱，整体给人一种舒适、休闲的感觉。

这组系列包装中，降低了纯度的颜色给人一种纯洁、可爱的视觉感受。

3. 低纯度对比

低纯度对比是指占主体的色彩和其他色彩都为低纯度色彩。

高明度、低纯度的色彩对比效果给人一种轻快之感。

低明度、低纯度的色彩对比效果给人一种庄重、低调之感。

4. 艳灰对比

艳灰对比是指高纯度与低纯度的色彩进行对比，艳灰对比能够给人一种新潮、个性、夺目的视觉感受。

该作品以青灰色为主色调，以艳丽的颜色作为点缀色，给人一种新颖、风尚的心理感受。

作品以灰色搭配红色，有彩色和无彩色形成鲜明的对比效果。

6.6.4 面积对比配色法

视觉所能观察到的色彩现象一定有面积存在，两种或两种以上的色彩共存于同一视觉范围内，必定会产生不同的面积比例。对同一色彩而言，面积越大，色彩感觉就越强烈；面积越小，色彩感觉就越弱。当面积大时，亮色显得更轻，暗色显得更重。

6.6.5 冷暖对比配色法

冷色和暖色是一种色彩感觉，主要来自于人的生理与心理感受。波长长的红色光、橙色光、黄色光本身有暖感。波长短的紫色光、蓝色光、绿色光则有寒冷的感觉。冷暖对比是将色彩倾向进行比较的色彩对比。

画面中的冷色和暖色的分布比例决定了画面的整体色调，就是通常说的暖色调和冷色调。使用了冷暖对比色可使画面更有层次感，视觉冲击力更强。

在这个杂志版式中，模特穿着的服饰是整个版式的色彩来源。黄色为暖色，绿色为冷色，二者同时为互补色，这样的配色给人鲜明、时尚的视觉感受。

该作品中青绿色给人凉爽、清新的色彩感受，黄色作为点缀色，整个作品给人一种活力四射的感觉。

● 精彩赏析

6.7 十种常用颜色

红色奔放、黄色热情、蓝色冷酷、黑色严肃，每一种颜色都有属于自己的"性格"。不同的颜色所代表的含义也是不同的，在这一节中将会深刻剖析常用的基础色的含义。

6.7.1　红

　　红色：红色是暖色调，纯度高，刺激性大，是非常强烈、醒目的颜色。红色是中国人所喜爱的颜色，它代表着喜庆、节日、团圆、勇敢、欢乐。在生活中红色随处可见，例如红灯、警告牌、消防栓。这些都是红色的，是为了容易引起人的注意，起到吸引、警示的作用。

色彩情感

　　喜庆、热情、温暖、积极、生命、豪放、警告、血腥、危险、浮躁、魅惑。

正红	深红	橙红	洋红
玫瑰红	西瓜红	红褐色	浅玫瑰红
鲑红	博朗底酒红	宝石红	灰玫瑰红
优品紫红	玫红	威尼斯红	朱红

色彩搭配

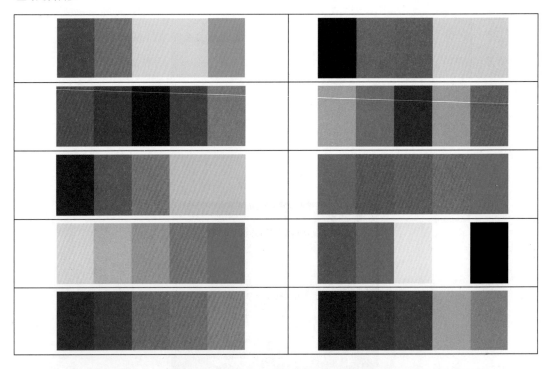

精彩赏析

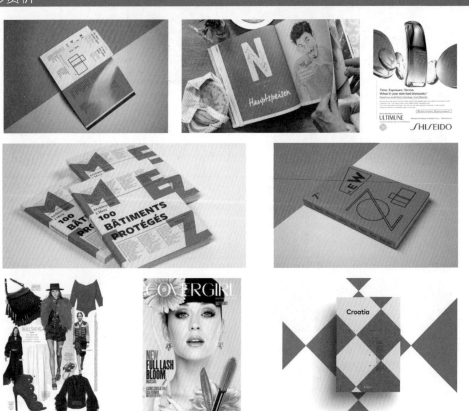

6.7.2 橙

橙色：橙色是温暖中带有甜味的颜色，它具有红色和黄色一些共同的特点，但没有红色那么强烈、刺激，又没有黄色的娇柔。橙色是一种很难掌控的颜色，当红色多一点时，它变成橘红色，当黄色多一点时它变成橘黄色，当明度暗一点时它变成土黄色。

色彩情感

温暖、活力、豁达、娱乐、健康、信任、野心、骄傲、秋天。

橙色	橘红	橘褐	橘黄
蜜橙	杏黄	沙棕	肤色
灰土	驼色	棕色	褐色
柿子橙	酱橙色	赭石	梨色

色彩搭配

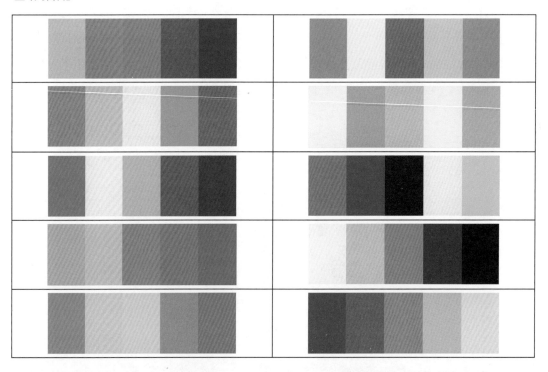

精彩赏析

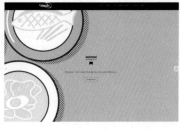

6.7.3 黄

　　黄色：黄色是种暖色，是所有色彩中最明亮的色彩。黄色能够让人感觉温暖明亮，心情舒畅。黄色是非常常见的颜色，在版式设计中也不例外。它能够为版面带来明朗愉快的感觉，当大面积使用时，版面效果鲜明、刺激，个性突出；如果作为点缀色也是不错的选择。

色彩情感

　　温暖、光明、财富、轻快、辉煌、权利、开朗、热闹、软弱、喧嚣、浮躁。

黄	铬黄色	茉莉黄	香蕉黄
鲜黄	月光黄	柠檬黄	万寿菊黄
卡其色	奶黄	土著黄	黄褐
暗黄色	土黄	芥末黄	灰菊色

色彩搭配

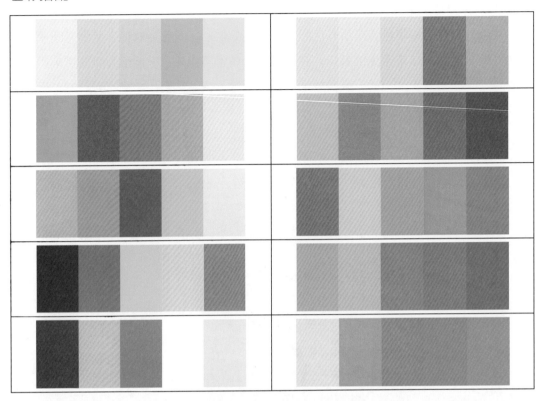

精彩赏析

6.7.4 绿

绿色：绿色是属于自然的颜色，代表安全、平静、舒适。绿色有着丰富的情感，如果绿色中带有蓝色的色彩倾向，则色调会变冷，给人的印象是保守、谨慎、理智的；如果绿色中有黄色的色彩倾向，则色调会变暖，给人的印象是活泼、生机勃勃的。

色彩情感

生命、成长、富饶、和平、新鲜、希望、豁达、健康、诡异、阴森

绿	叶绿色	黄绿	荧光绿
浅绿	白绿色	芥末绿	橄榄绿
浅黄绿色	碧绿	深绿	霓虹绿
墨绿	青灰绿	绿松石绿	钴绿

色彩搭配

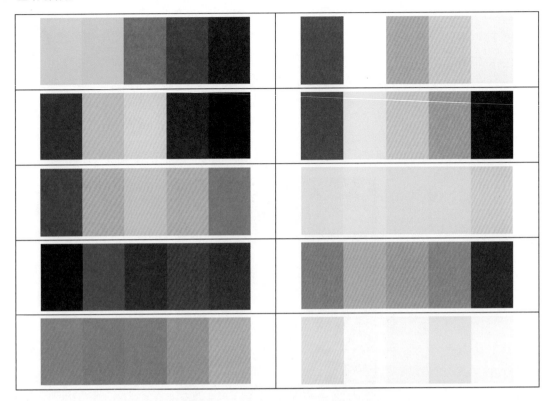

精彩赏析

6.7.5 青

青色：很多人都会把蓝色误以为是青色，因为它和蓝色很像，是介于蓝色和绿色之间的颜色。青色与蓝色同属于冷色调，但是它与蓝色不同，青色清爽而不寒冷，冷静而不死板，是一种活泼、干净的颜色。

色彩情感

欢快、清爽、安静、清新、深邃、阴险、开阔、青涩、沉静、理智。

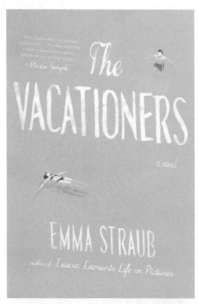

青	靛青	深青	天青
群青	藏青	青绿	青灰
淡青绿	白青	铁青	深青灰
水青	瓷青	清漾青	砖青

色彩搭配

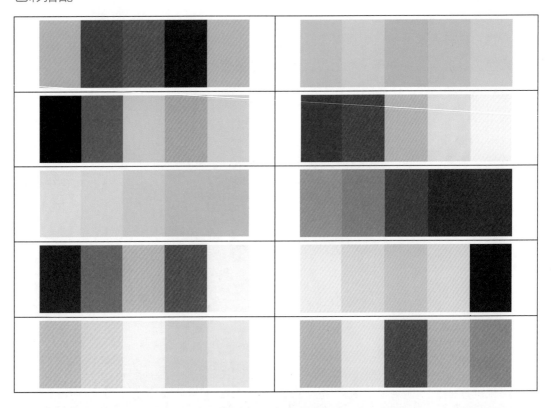

精彩赏析

6.7.6 蓝

蓝色：蓝色是冷色调，它性格沉稳、理智。高纯度的蓝色表示华丽、冷静；高明度的蓝色则表示洁净、平静、清新；低明度的蓝则表示严谨、认真、信任。

色彩情感

华丽、严肃、理智、信任、静谧、科技、力量、稳定、冷静、沉思、寒冷、忧郁、冷酷。

蓝色	天蓝色	蔚蓝色	普鲁士蓝
⬤	⬤	⬤	⬤
矢车菊蓝	深蓝	道奇蓝	宝石蓝
⬤	⬤	⬤	⬤
午夜蓝	皇室蓝	浓蓝色	蓝黑色
⬤	⬤	⬤	⬤
爱丽丝蓝	水晶蓝	孔雀蓝	水墨蓝
⬤	⬤	⬤	⬤

色彩搭配

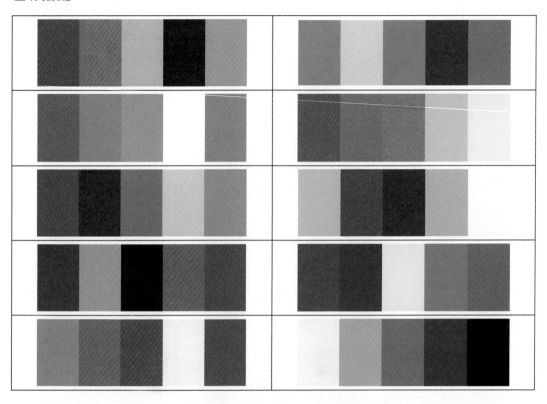

精彩赏析

6.7.7 紫

　　紫色：在中国，紫色象征着富贵与王权，例如"紫禁城""紫气东升"，这是因为在科技不发达的年代，紫色只能供皇室使用。高纯度的紫色给人一种绚丽、刺激的视觉感受；当紫色中添加了白色，颜色会变得轻柔、浪漫；当紫色中添加了黑色，颜色会变得深邃、神秘。

色彩情感

　　财富、华丽、神秘、浪漫、优雅、成熟、永恒、骄傲、恐怖、隐晦。

紫	葡萄紫	蓝紫	兰花紫
木槿紫	深紫罗兰色	淡紫色	紫红色
矿紫	紫灰色	锦葵紫	淡紫丁香
紫黑色	江户紫	蝴蝶花紫	蔷薇紫

色彩搭配

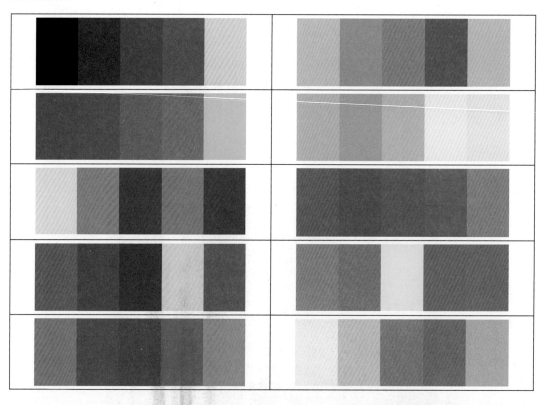

精彩赏析

6.7.8　黑、白、灰

　　黑白灰：黑白灰同属于无彩色，它没有色相，只有明度。黑色明度最低，沉稳、老练；白色明度最高，与任何颜色搭配在一起都无违和感；灰色是介于黑色和白色之间的颜色，高明度的灰色安静、优雅，低明度的灰色朴素、稳重，不仅如此任何颜色中添加灰色都会变得含蓄、文静。

色彩情感

　　黑：老练、神秘、坚强、冷酷、成熟、严肃、沉着、阴暗、消极、沉默、黑暗、恐怖、绝望。

　　白：纯洁、纯真、朴素、神圣、明快、淡雅、皎洁、柔弱、虚无、寂静。

　　灰：高雅、谦虚、和平、中庸、纯真、朴素、朦胧、低调、荒凉。

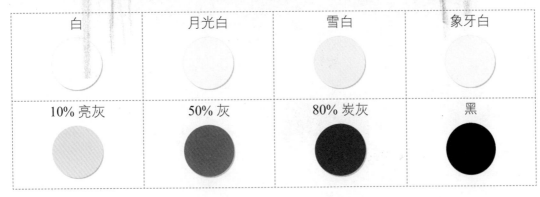

白	月光白	雪白	象牙白
10% 亮灰	50% 灰	80% 炭灰	黑

色彩搭配

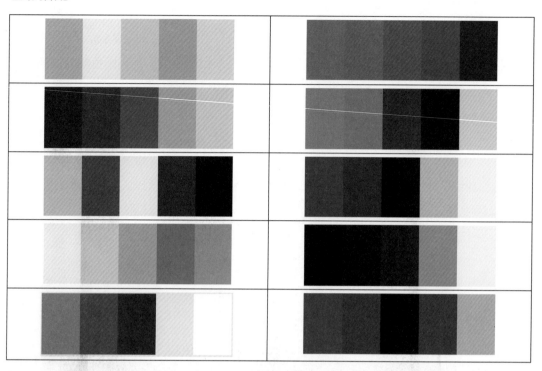

精彩赏析

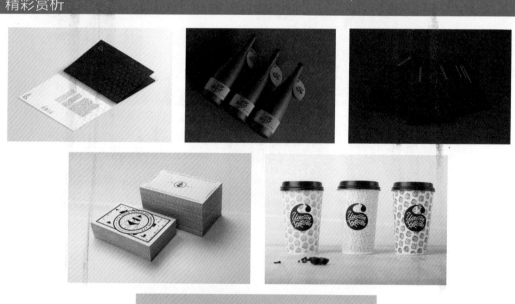

第 7 章

版式设计的应用领域

版式设计是一门涵盖范围较广的学科，随着审美观念和时代精神风貌的不断改变，版式设计也不断地发生变化。在本章中主要通过对版式设计在海报、杂志、网页、包装等的编排方式以及表现手法进行学习，了解版式设计在不同传播媒介中的具体应用。

7.1 海报版式设计

　　海报又叫作招贴，是版式设计中的重要组成部分。海报设计具有效果强烈、版面简洁、信息传递明了等特征，在信息传递过程中占据重要地位。海报分为电影海报、文化海报、商业海报和公益海报。

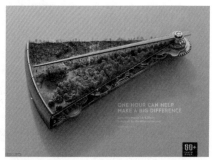

7.1.1　电影海报

电影海报是电影内容和主题高度浓缩的产物，它与电影毗连，相扶相持。电影海报的设计在版式与色彩上都要紧扣电影的主题，应该具有强大的艺术感染力和商业宣传力。

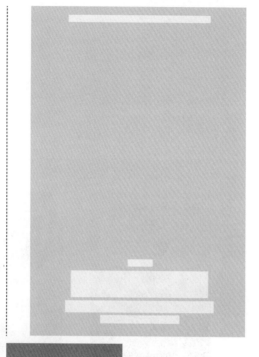

R G B=0-86-157
CMYK=93-69-16-0

R G B=157-67-153
CMYK=49-84-5-0

R G B=186-90-39
CMYK=34-76-96-1

◢ 设计理念：这是一幅卡通风格的电影海报，版面中将主角以逃亡的形态进行展示，能够突出电影的主题，并营造一种紧张感，从而引起观众的注意和兴趣。

◉ 色彩创意：该海报以蓝色为主色调，能够突出海报的主题。

▦ 该海报以洋红色作为点缀色，这种颜色来自电影中的内容，所以海报与电影协调统一。

▦ 海报中的卡通形象属于暖色调，虽然色彩感觉不是很强烈，但也为画面带来了丰富的对比效果。

◎ 设计技巧——电影海报设计中的三个原则

（1）单纯原则。电影海报要具有感染力和宣传力，所以简洁明了的版面是必不可少的，这样能提高观众的接受能力，让人们可以迅速了解电影信息，从而达到宣传的目的。

（2）一致原则。电影海报的设计要与电影统一协调，在海报的版式、色彩构成上都要与电影相呼应。不仅如此，海报所要传递的艺术氛围同样要与电影形成一个有机的整体。

（3）创新原则。推陈出新才能引起观众的注意，千篇一律则会让人产生审美疲劳。如果想要得到观众的注意或认可，那么就必须进行创新。

○ 玩转色彩设计

双色设计	三色设计	多色设计

○ 精彩赏析

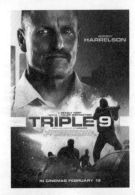

7.1.2　文化海报

　　文化海报是指以满足人们的精神生活需求为目的，应用于社会文化以及各类展览的宣传海报。文化海报的涉及范围较广，不同主题的海报都有它各自的特点。设计师需要了解展览和活动的内容才能运用恰当的方法表现其内容和风格。

R G B=248-151-29　　　　R G B=0-184-223　　　　R G B=241-217-10
CMYK=3-52-88-0　　　　CMYK=72-9-14-0　　　　CMYK=13-15-86-0

　　◭ 设计理念：　在该海报中主要是对图形进行表现，图形堆叠在一起营造艺术化的氛围，并且突出海报的主题。

　　◐ 色彩创意：　该海报以橘黄色为主色调，不同明度的黄色为画面添加了层次感。
　　▧ 该海报采用互补色对比的配色方法，橘黄色与青色产生对比让画面效果更加活跃。
　　▧ 作品色彩丰富、层次分明，暖色调的配色给人舒适、放松的感觉。

◉ 设计实践——利用分割线将版面自由分割

　　在平面设计中，线不仅可以进行装饰，还可进行分割。在本案例中，修改之前的版面过于单调；经过修改后，线的添加不仅将版面进行了分割，还使版面更加活跃、自由。

Before：

After：

玩转色彩设计

双色设计

三色设计

多色设计

精彩赏析

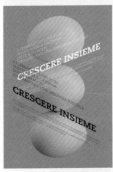

7.1.3 商业海报

商业海报是指宣传商品或商业服务的海报。商业海报的设计必须有很强的号召力和感染力，能够引起消费者的注意并且引起共鸣，从而达到宣传商品或服务的目的。

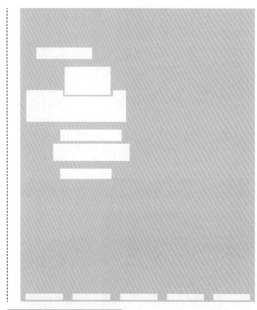

R G B=169-194-235
CMYK=39-20-0-0

R G B=201-248-245
CMYK=25-0-11-0

R G B=150-161-183
CMYK=47-34-20-0

设计理念: 这是一个关于时装主题的海报设计，模特为整个画面的视觉中心，主要是为了突出时尚服饰的主题。海报本身的内容较少，但是人物的形象足以打动消费者。

色彩创意: 作品采用高明度的配色方案，整体色彩简洁、舒适。

单色调的配色主要是为了迎合模特身上的着装，这样的搭配使得画面颜色更加协调。

作品采用同类色的配色方案，简约明了地配色又不缺乏变化。

● 设计技巧——商业海报设计的原则

（1）主题鲜明。每一张海报都有特定的主题，在海报创意与表达的过程中要结合这一主题，并将主题通过视觉元素充分地表达出来。

（2）视觉冲击力强。商业海报一般都会张贴在户外，在这个信息交错的时代，只有足够的视觉冲击力才能引起消费者的注意，并为之留下深刻的印象，使之回味无穷。

（3）让图说话。图形语言是最简洁、最直接的表现方式，好的作品无需文字注解，只需看过图形之后便能理解设计意图。

（4）富有文化内涵。优秀的商业海报作品不仅能够成功地表现主题，还要具有文化内涵，这样才能够使之与观看者产生情感交流，达到更深层次的意境。

◎ 玩转色彩设计

双色设计	三色设计	多色设计

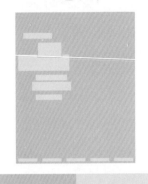

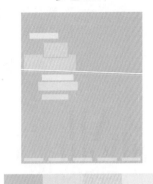

◎ 精彩赏析

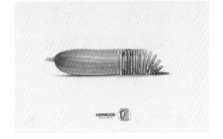

7.1.4　公益海报

公益海报是以公益事业为主旨，以推动公益事业发展为目的的海报设计。它以传达明确的意识观念和思想为主旨，通常体现深刻的内涵和哲理。其海报主题包括：保护动物、保护环境、道德宣传、弘扬爱心奉献等。

R G B=237-230-224
CMYK=9-11-12-0

R G B=136-104-93
CMYK=54-63-62-5

R G B=217-216-209
CMYK=18-14-18-0

△ **设计理念:** 这是关于非洲粮食问题的公益海报设计，作品通过盘子上的图案和少量的食物突出这一主题。通过对比的方式突出食物的紧缺，使观看海报的人都为之动容。

◑ **色彩创意:** 该海报为中明度色彩基调，海报似乎想通过一种"平常心"去表达残酷的现实。

■ 作品中的红褐色像干枯了的血液，充分渲染了作品的主题。

■ 作品整体色调给人一种晦暗、沉痛的心理感受，这种压迫感能够带动观看者的气氛，从而引发观看者的重视。

◉ 设计实践——利用类似色的配色原理达到视觉上的平衡感

类似色的配色原理是在配色中经常使用的方法，这样的配色方案不仅可以使画面色调达到统一，还富有变化。画面中的洋红色和淡紫色为类似色，将这两种颜色结合到一起在视觉上打造出一种平衡感。

● 玩转色彩设计

双色设计

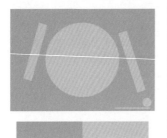

三色设计

多色设计

● 精彩赏析

7.2 杂志版式设计

杂志的版式设计是指在既定的开本上将稿件进行有序的、合理的排布，使得杂志的内容与刊物的自身特点相互协调。杂志的版式往往具有先声夺人的作用，因为在读者选购的过程中可以悄悄地影响他们的选择。

7.2.1　杂志版式的特点

  杂志的版式设计是编辑工作的一个重要环节，要充分了解杂志的风格，对杂志的主题进行分析和了解，并且要准确地定位读者群体，才能吸引读者注意，达到信息传递和销售的目的。

  杂志版式设计既具有平面设计创造的独立性，又包含刊物内容和编排规范的从属性。在杂志版式设计的过程中，不同的内容可以选择适当的版面。有很多杂志都采用固定的编排方式，例如目录、内容、编辑后记等都会出现在杂志中，而且版面的风格基本相同，这已经就成为了该杂志独特的风格和品牌形象宣传的结构。

  杂志与书籍不同，它不需要读者从第一页开始阅读，而是根据读者的阅读兴趣随意观看。在杂志的编排上要讲求连贯性，因为它与海报或传单不同，杂志需要在翻阅的过程中形成联系。这种联系可以通过版式编排的风格、文字、色调的统一而得到。

7.2.2　杂志的封面设计

封面是杂志的脸面，优秀的杂志封面设计不仅能够招揽读者、提升发行量，还能够折射设计者对艺术的理解力和表现力。封面可以形成"第一印象"，所以封面必须涵盖杂志的内容，并且与其他杂志形成直观的区别。杂志的封面必须能够传递自身的定位和艺术追求，同时还要具有创新性和独创性。通常杂志封面中包括图片、文字、杂志名称、日期、刊物号、价格、条形码等内容。

杂志封面的设计特点如下所述。

（1）独特的定位。每一本杂志都需要有自己的定位，而封面服从于内容，所以要与内容紧密契合。

（2）创新性与独创性。杂志的封面设计必须传递自身的定位和艺术追求，而且必须要有独特之处，这样才能够区别于其他的杂志。

（3）统一性。封面中的 LOGO、图片、文字、版式等视觉元素要进行统一，这是形成自己视觉形象的关键，从而引发品牌效应。

（4）符合消费者的审美。杂志都有特定的读者群体，杂志的封面要符合自己的特定的读者群体，投其所好才能赢得更大的市场份额。

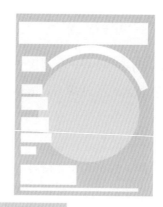

R G B=108-234-253
CMYK=50-0-11-0

R G B=232-80-155
CMYK=11-81-6-0

R G B=250-188-73
CMYK=5-34-75-0

设计理念: 这是一个美食主题的杂志封面,大幅的食物照片非常诱人。版面中文字信息层次分明,横排与绕排的文字使版面效果非常活跃。

色彩创意: 作品采用对比色的配色方案,青色与橘黄色和洋红色形成对比效果。
■ 青色颜色干净、纯净,它与食物的颜色形成对比后,使得画面的气氛非常活泼。
■ 在关于饮食的版式设计中黄色通常能够引起观者的食欲。

○ 设计技巧——封面中的图片

封面中的图片是主要的视觉元素,同时也是吸引读者的重要元素。对于封面中图片的选择,可以分为肖像类封面、组合类封面、文字类封面和插图类封面四种。

(1)肖像类封面。肖像类封面是以人物作为封面中的视觉中心,女性杂志和时尚杂志都是以肖像作为封面的。肖像类的封面设计通常会以模特或者明星作为封面的主角,并且通过精美的服饰和妆容作为亮点,达到与主体相互协调的效果。

(2)组合类封面。组合类封面是由图片、文字、符号等多种元素组合而成的,从而达到多元化的艺术效果。

(3)文字类封面。文字类封面是通过艺术化的手段将文字进行加工与创意,这种设计风格灵活多变,是很多计算机杂志采用的设计风格。

(4)插图类封面。插图类封面通常采用独特的插图作为封面,能够充分表现出艺术性和个性,特别适合应用于艺术类、计算机类的杂志中。

肖像类封面

组合类封面

文字类封面

插图类封面

◉ 玩转色彩设计

双色设计

三色设计

多色设计

◉ 精彩赏析

7.2.3　杂志的内页设计

　　杂志的内页是杂志的灵魂，内页的设计不仅要与内容相统一，还需要考虑杂志页面的连贯性，使其与整个杂志的版式相协调。杂志是由版心与版面、排式与分栏和字体与字号三元素构成的。

版心与版面

　　版心是页面中主要内容所在的区域，版心应有页眉、页码与页脚。页眉一般定位在每页版心的上白边，以表明刊名或章节标题。页脚的功能与页眉的功能相近，在对版面进行设计时可根据杂志的自身风格进行设定。页码是指刊物每一页的顺序码，多用阿拉伯数字编号。页码可以位于页眉处，也可以位于页脚处，但是均居于版面的外白边处，以便于读者查找。

排式与分栏

　　排式与分栏是杂志版式中最具视觉冲击力的部分，它是指文字的编排形式。在我国古代书籍中采用直排的方式，而现代人的读书习惯则是从左至右，这样的编排方式能够提高阅读速度。通常在版心较大的版面中，不适合使用通栏的编排方式，可以将文字分为双栏或者多栏，这样可以方便读者阅读，减轻阅读的压力。

字体与字号

在杂志版式中文字是主要传递信息的元素，人们可以通过阅读文字去了解、掌握相应的信息。字体与字号的选择与控制同样会影响版面的设计。一般来说，标题文字与正文的字体有区别。标题文字一般会采用粗体，字号大于正文，主要作用是吸引读者的注意，并为之留下深刻印象。而正文文字要与标题文字相关联，一般采用 8～10 号字为佳，最好不要超过 5 号，否则会阅读困难，影响阅读。

R G B=22-37-92
CMYK=100-99-50-13

R G B=167-37-35
CMYK=41-97-100-7

R G B=204-140-78
CMYK=26-52-73-0

设计理念： 这是一个时尚杂志的内页设计，版面中文字和图片大多都整齐摆放，只有两个商品为倾斜摆放，这充分调动了版面的气氛，使其变化活泼、灵动起来。

色彩创意： 该作品没有特定的色彩倾向，白色的底色能够更好地衬托前景内容。作品中主要突出的就是商品，所以有彩色在白色的衬托下格外引人注目。

图片是杂志中不可缺少的设计元素，它能够充实版面内容，使信息得以延展与补充。图片在杂志版式中有以下四种处理方式。

（1）图组的运用

图片具有说明的作用，那么多张图片组合在一起说明性就变得更加强烈。通常图组会运用同一主题的多张图片，这样版面的视觉效果也会得以统一。

（2）出血图的运用

图片以出血图的形式编排在版面中，使得版面的层次更加分明，版面更具活力。

（3）去底图的运用

去底是将版面所需的内容从原图中"抠"出，这种图能使版式效果更加自由、活跃。

（4）背景图的运用

在版面中添加背景图，能够使版面更具层次感，使内容更加丰富。

图组的运用　　　　出血图的运用　　　　去底图的运用　　　　背景图的运用

● 玩转色彩设计

双色设计　　　　　　　三色设计　　　　　　　多色设计

 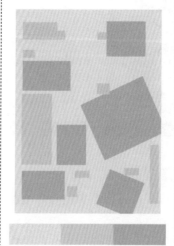 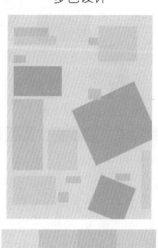

7.3 网页版式设计

　　随着时代的进步，网络已经越来越多地融入人们的生活之中。网页设计也是版式设计中的一种，主要是通过电脑进行传播的一种形式。网页不仅需要传递信息，也需要独特的设计语言将网页的意图进行表述。所以无论在技术上还是在艺术表达上，网页设计都需要跟上时代的步伐。

7.3.1 网页版式设计的三大原则

随着生活方式的变化，生活节奏的不断加快，网页的版式设计也在不断地发生改变。网页版式是将文字、图像、色彩、动画等内容根据特定的内容和主题，在网页所限定的范围中，运用造型元素进行视觉相关的配置，从而将设计意图以及视觉形式表现出来。网页的版式不仅需要传递相关的信息，还能够符合浏览者的审美，使其在浏览的过程中产生愉悦感。对网页的版式设计，可以遵循以下三个原则。

1. 网页的个性化

随着科技的发展和时代的进步，网页的版式也在不断地发生变化。新的事物总是能够让人最快地捕捉到，并留下较为深刻的印象。

2. 网页的主题突出

网页设计必须要有明确的主题，并通过符合访客的审美和心理规律、生动的方式进行表达。据调查，人的短期记忆中只能同时把握 4 ～ 7 条分立的信息，所以主题鲜明的网页更容易让访客对其产生深刻的记忆。

3. 形式与内容的统一

在对网页版式进行设计的过程中，最忌讳的就是只专注于对网页形式的传递而忽视网页的主题。网页的内容是设计的灵魂，所有的设计都依存于它，而形式是网页的外部表现方式。内容决定了形式，形式影响着内容。例如一个政治主题的网站肯定会显示出它的庄重与严肃，一个儿童主题的网站，它的表现形式一定是可爱与活泼的。一个成功的网页设计必须实现形式与内容的高度统一。

7.3.2 网页的主要元素

网页的主要元素有文本、图像、动画以及超链接。除此之外，还有一些其他元素，如声音、视频等。

1. 文本

文字是网页发布信息的重要形式，是网页中最基本的元素。访客浏览网页最主要的目的就是获取信息，文字传递信息的优势是图片、影音无法取代的。网页版式中文字的编排是非常重要的，可以从字体、字号、行间距、字间距、颜色等多方面进行考虑。

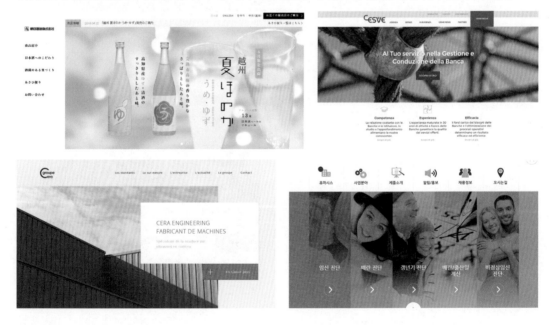

2. 图像

一个优秀的网页设计作品，除了有吸引人的文字内容，图像的表现能力也是不可小觑的。图像可以补充文字功能上的不足，使画面内容更加丰富。

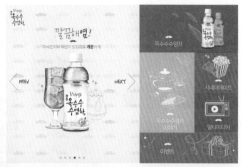

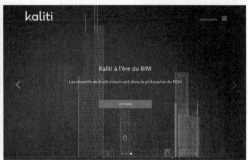

3. 链接标志

　　链接也称之为超链接，是从一个页面跳转到另外一个页面的链接。而链接标志是超链接的载体，通常单击链接标志能够进行网页的跳转。链接标志分为文本链接、图像链接和热区链接。

- 文本链接：以文本的方式进行显示，通常此处的文字的形式、颜色与其他位置的文本不同。
- 图像链接：我们俗称的按钮就是图像链接的一种形式，它是指将一些制作精美的图像作为按钮，这样设计既能美化版面，使版面内容丰富，同时链接标志也得以凸显出来。
- 热区链接：在热区链接中图像不是作为一个整体来使用，而是被分为若干个部分用于实现不同目标的链接，一幅图可以应对多个链接对象。

4. 其他元素

除上述内容之外，网页中还经常使用动画、视频、音频等元素。

- 动画：网络上大多使用 gif 和 Flash 两种动画格式。gif 动画所占内存小、兼容性好。Flash 动画是当下主流的动画格式。
- 视频：视频能够让视觉效果更加直观，但是会影响加载速度。
- 音频：音频能够让网页效果更加地生动、有趣，但是同样会影响网页文件的大小。

R G B=237-237-233
CMYK=9-7-9-0

R G B=62-65-48
CMYK=75-66-82-39

R G B=21-21-21
CMYK=86-82-81-69

设计理念： 这是非常典型的日式风格网页设计，整体构图松散、留白空间大，整体给人悠远淡雅、深邃禅意之感。

色彩创意： 该作品整体颜色纯度较低，灰色调的颜色让人心神宁静。

在该网页中上部明度高，下半部为低明度，对比明显，层次分明。

○ 设计技巧——如何提高网页的实用性

（1）主次分明

重点突出的版式设计能让访客迅速抓住网页的主题。

（2）导航清晰，浏览便利

整个网页的设计要以人性化为本，整体导航清晰，访客在浏览的过程中能够最快地获取信息。

（3）布局合理，逻辑性强

版式设计能让各个视觉元素在版式中合理、有序地排列，能够使版式新颖，又符合审美习惯。

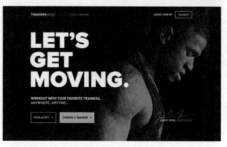

○ 玩转色彩设计

双色设计	三色设计	多色设计

○ 精彩赏析

7.4 包装版式设计

    包装已成为现代商品生产不可分割的一部分，也成为各商家竞争的强力利器，优秀的包装设计不仅能够保护商品，同时能够吸引消费者的注意，从而提高商品的竞争力。包装的外观设计属于版式设计的组成部分，其中包装设计包括文字、图形和色彩三大元素。

7.4.1 包装的功能

包装在生活中无处不在，它与商品形成一个有机的整体。包装的作用非同小可，它不只具有保护功能，还具有便利功能、销售功能以及提升企业形象的功能。

1. 保护功能

包装最基本与最主要的功能就是保护功能。包装不仅要防止商品的物理性损害，也要防止化学性以及其他方式的损害。不仅如此，还要防止由外到内的损害。

2. 便利功能

所谓便利功能就是指包装是否便于携带、运输、存放、使用等。一个优秀的包装设计，其出发点应该是以人为本，站在使用者的角度去进行设计，这样不仅能够让消费者感受到人文关怀，同时还能够提高消费者对商品的好感度。

3. 销售功能

在市场竞争日益强烈的今天，包装是市场竞争的利器，优秀的包装设计能够吸引消费者的注意，从而提高市场竞争力。例如厂家总是打着"全新包装，全新上市"去吸引消费者，这就是通过包装提高竞争力的最典型表现。

4. 提升企业形象

现如今包装已经被列入企业的4P策略之一（ Position 市场、Product 产品、Package 包装、

Price 价格）之中，可见包装对于提升企业形象起着重要的作用。包装设计是建立产品与消费者亲和力的重要手段，所以优秀的包装设计能够在推销产品的同时提升企业在消费者心目中的形象。

7.4.2 包装的文字

文字在版式设计中的重要性自不必说，文字的编排要与包装的整体风格协调、统一。包装版式中的文字包括品牌名称、说明文字和广告字。

1. 品牌名称

包装也是企业宣传的重要部分，突出品牌的名称也是宣传企业的手段之一。通常品牌名称会摆放在包装的视觉中心位置，通常会非常地醒目、突出。不仅如此品牌名称会具有很强的装饰性，视觉冲击力强。

2. 说明文字

说明文字通常字数较多，其排版应该清晰明了、易于阅读，这样能够让消费者产生信赖感。通常说明会印在包装的非视觉中心处，例如包装的侧面或背面。

3. 广告字

广告是宣传的重要手段,在包装中添加广告字能够宣传商品的内容以及商品的特点。一般包装上的广告字效果突出、灵活多样,能够使人在阅读后产生好感和愉悦感,从而对产品产生兴趣,达到购买的目的。

R G B=10-129-7
CMYK=84-37-100-2

R G B=251-243-162
CMYK=6-4-46-0

R G B=74-214-91
CMYK=63-0-80-0

⚘ **设计理念**: 该包装为居中对齐分布,以中轴作为视觉重心,使视线自然而下自由流动,让观者能够在较短的时间内迅速了解商品的信息,从而达到销售的目的。

◉ **色彩创意**: 作品属于高明度、高纯度的配色,鲜艳、鲜明的颜色在货架上非常醒目。

■ 该包装属于类似的配色,以黄色为主色,以绿色为点缀色,二者的搭配协调而自然,让消费者感到亲切。

■ 从包装的图案来看这是柠檬口味,所以整体的配色以柠檬味为中心,能够激发消费者的通感,让消费者联想到柠檬的口感,从而刺激购买欲望。

◎ 设计技巧——如何提高包装的销售功能

包装在货架上就是一个无声的推销员,近年来市场竞争激烈,更多的人在想尽办法使之发挥出销售功能。如何提高包装的销售功能呢? 可以通过以下三点实现。

(1)在陈列环境中,包装的色彩、图案、造型等多方面要能够区别于其他同类产品,做到脱颖而出。

(2)产品的定位决定了产品包装的风格,包装的风格要符合消费群体的审美。

(3)根据渠道和价格差异,在包装设计上可以增加附加价值。例如可以使用高品质的手袋,提高反复使用率。

● 玩转色彩设计

双色设计	三色设计	多色设计

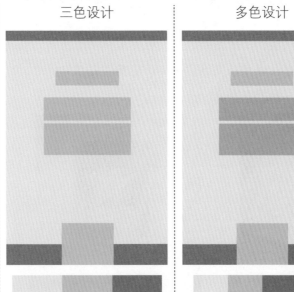

● 精彩赏析

7.5 书籍版式设计

随着社会的不断发展、人们审美水平不断提高，书籍版式既是信息传递的媒介，同时它也能够让读者在阅读过程中产生美的遐想与共鸣。书籍的版式设计包括书籍的封面设计以及书籍的内页设计。

7.5.1 书籍的封面设计

书籍封面具有保护书籍、传递书籍内容的功能。书籍的封面在一本书中具有举足轻重的地位，读者与书的第一次接触大多都是从封面开始的。这时封面就像一个无声的推销员，将自己"推销"给读者。优秀的封面设计不仅能吸引读者，还能够让人一见钟情。

1. 书籍封面的设计原则

（1）书名突出

书名突出可以增加识别性，能够在众多书籍中脱颖而出。通常书籍的名称会采用加大、加粗字号，或者将文字进行艺术化加工的方式使其变得突出。

（2）内容与形象统一

书籍的封面就是书籍的外部形象，在对封面进行设计之初要充分理解书的内涵、风格、题材、读者人群等相关信息，做到内容与形式的统一。

（3）注意文字之间的关系

文字作为信息的载体，在封面中要注重主次关系，既要突出主题，又能够让版面层次清晰，整洁而不杂乱。

（4）构思新颖

设计巧妙、立意新颖，能够给读者耳目一新的感觉。在设计的过程当中，可以运用夸张、比喻、象征、抽象、写实等不同的手法进行封面设计。

2. 封面设计的四种布局方法

概括来说，封面的版式大概有居中、左右、上下和自由式四种布局方法。

（1）居中

居中是最传统的方法，即让整体的设计要素居于画面中部。居中具有使画面看起来匀称整齐的效果。居中的优点就是，可以使画面更加均匀整齐。

（2）左右

书籍名称、图片等重要的视觉元素居左或居右，这在版式设计中较为常见。当视觉重心偏左时，符合读者的阅读习惯，在阅读与理解上都很方便。当重心偏右时，这种反其道而行的做法会有意想不到的视觉效果。

（3）上下

当文字、图形整体偏上时，版面的下方绝对不是空无一物，而是有一些小的文字或图形与上方形成呼应。当重心偏下时，给人一种稳定感，这样的设计符合读者的阅读要求，所以给人和谐、舒适的感觉。

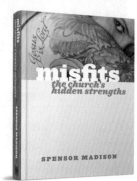  

（4）自由式

自由式的布局方式讲究无拘无束，但是这种布局方式并不是不修边幅，在设计的过程中还需要将画面中的文字、图形与颜色进行合理化处理，使整体效果均衡、协调。

3. 现代书籍封面设计的表现形式

（1）以摄影作品为主

摄影作品通常给人的感觉就是真实，它将稍纵即逝的画面进行定格。优秀的摄影作品不仅给人以美的享受，还能够表现引申的意境、内涵。以摄影作品作为封面，它所要表现的不仅仅是图片的含义，还要能够具有代表性，能够体现书中的内容。

（2）以文字为主

以文字为主的封面设计通常将文字进行图形化设计，这时的文字从"说明"的作用就上升为"表现"的作用。在文字创意设计的过程中，可以运用不同的色彩、形象、动势，制作出具有节奏感和韵律美的书籍封面。

（3）以图形设计为主

图形有着非凡的表现力，它可以很具象，也可以很抽象。独特的图形设计很易识别和记忆，而且能够非常直观、有效、生动地将内涵表现给读者，并为读者留下深刻的印象。

（4）以插画作品为主

将插画作为封面可以提升封面的艺术魅力，因为不同风格的插画所表现的艺术情感是不同的。以插画作为封面，不仅丰富了书籍的内涵，另一方面同其他设计元素有机结合，以充分体现书籍的性格。

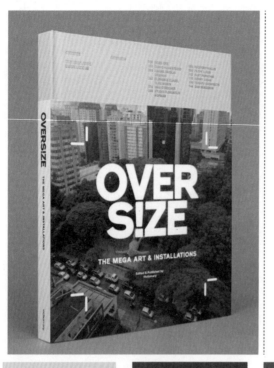

R G B=213-212-208
CMYK=20-15-17-0

R G B=41-62-43
CMYK=83-64-87-44

R G B=94-84-55
CMYK=66-63-84-24

◢ 设计理念: 封面的设计要符合书籍的主题，其整体风格要与书籍的意境相投。在封面图片的选择上，尤其是在写实图片的选择上，更要与书中的主题相吻合，这样读者才能够从封面中了解足够的信息，吸引读者翻阅，从而引发购买欲望。

◑ 色彩创意: 该作品采用中明度的配色方案，整体感觉沉稳、严谨。

▦ 该封面采用动静对比的方法，上方的纯色为"静"，下方的风景背景为"动"，二者搭配在一起动静结合，意义深远。

● 设计技巧——护封设计

护封通常在精装书的外部，其具有保护的作用，同时也是一种重要的宣传手段。护封分为全护封与半护封，半护封通常包在封面的腰部，所以也称之为腰封。护封上通常会有一些关于书籍的信息、广告等内容，是书籍宣传的重要手段。在制作上要与封面的设计相互协调统一，同时效果要精美、夺目。

● 玩转色彩设计

双色设计	三色设计	多色设计

● 精彩赏析

7.5.2 书籍的内页设计

书籍的内页设计要根据该书籍的内容来安排，例如，教科书类的书籍信息量较大，行距不宜过大；散文、小说类的带有休闲性质的书籍可以适当调整行距与字距，适应读者在视觉和心理感受，比较随意、舒适。在书籍内页中还有其他组成要素，例如：版心、天头、地脚、订口、切口、栏、页码、页眉。

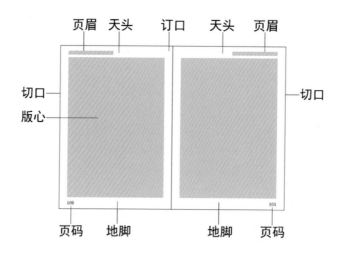

- 版心：版面中除去天头、地脚以及四周的空白所留下的编排正文和图片的位置就是版心。版心的大小是由书籍开本决定的，版心小，版面中的内容也会随之减少。目前在我国版心的位置使用较多的是传统天头大、地脚小的形式。这种排版形式给人以严肃、庄重之感，而且比较方便阅读。当地脚大于天头时，整体的版面就会偏上，这使版面感觉更加轻松、舒适。
- 天头：是指每张页面的上端空白区域。
- 地脚：是指每张页面的下端空白区域。
- 订口：是指靠近每张页面内侧装订的空白处。
- 切口：是指靠近每张页面外侧的空白处，一般比订口宽一些，以方便阅读。
- 页眉：是指版面在版心上部的章节名文字，一般用于检索篇章。
- 页码：在书籍正文的每一面都有页码，用来表示书籍的页数，方便读者查阅。

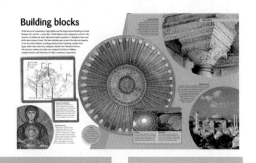

R G B=255-181-91
CMYK=1-3-67-0

R G B=100-213-217
CMYK=57-0-24-0

R G B=-84-98-166
CMYK=76-64-12-0

设计理念: 这是一个非常丰富的版面设计,图形的添加以及图文绕排的排版方式使整个版面看起来灵活、有趣。

色彩创意: 这是一个色彩较为丰富的书籍版式,中纯度的黄色与前景中的青色形成对比效果,整个画面看起来非常地生动、活泼。

作品根据正文安排了暖色调,能够调动读者的阅读兴趣。

○ 设计技巧——内页设计的技巧

（1）板块分割

是指将版面内容按照一定的组合方式进行分割,可以将文字进行分割,也可以将图片进行分割。经过分割的版面活泼又不失整体性,但是在分割的过程中要注意整体布局的合理性。

（2）以订口为对称轴

在书面摊开后,以订口为对称轴进行对称式的排版,这样的布局整体大气、规整,能够为视觉上带来刺激感。

（3）大胆留白

我们对留白并不陌生,通过留白能够打破死板、呆滞的效果,使版面变得通透、开朗,能给读者营造一种轻快、愉悦的阅读空间。

（4）版式图形化

版式图形化就是将文字及图片内容组合成某一种图形,这种编排方式整体的节奏感和秩序感都很强。

三色设计	四色设计	多色设计

  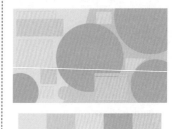

◎ 精彩赏析

  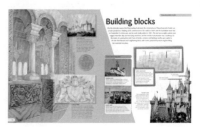